世界灌溉工程遗产研究丛书

谭徐明 总主编

它山堰

拒咸且蓄淡 塘河环明州

张伟兵 魏晓明 编著

总序

在世界广袤的大地上，分布着丰富且类型多样的人类文明，古代灌溉工程就是其中之一。直到今天，还有相当数量的古代灌溉工程在持续地为人们提供着生活、灌溉和生态供水服务。现存的古代灌溉工程历经长久考验，没有成为西风残照的废墟，也没有成为书籍中刻板的回忆，而是以与自然融为一体的形态存在，并成为兼具工程价值、科学价值和文化价值的人类文明奇迹。

2014年，国际灌溉排水委员会（ICID）开始在世界范围内评选收录灌溉工程遗产，旨在挖掘、保护、利用和宣传具有历史意义的灌溉工程所蕴含的自然哲理、科学思想、文化价值和实用价值。从2014年至2020年，经由中国国家灌排委员会推荐和国际评委会评审，我国有安徽的芍陂、四川的都江堰等二十处具有历史意义的灌溉工程入选世界灌溉工程遗产名录。由此，古老而丰富的中国灌溉工程遗产向世界又开启了一个了解和认识中国文明史的新窗口，让更多的人走进中国悠久而辉煌的水利史，探索这些工程中蕴藏的人与自然和谐相处的理念和古代贤人因势利导的治水智慧和方略。

粮食充裕则天下稳定，人民安居乐业，而灌溉工程正是在洪涝干旱灾害频发的自然环境下保障粮食丰收的关键所在。中国是灌溉文明古国，历朝历代从一国之君到州县官员无不重农桑兴水利，并确立了从中央到民间权、责、利相互结合的灌溉管理制度。农耕文明下的这些灌溉工程及其管理制度和道德约束，为水利发展注入了民族精神，并在历史的长河中衍生出独特的文化和记忆，使得现存的古代灌溉工程在这一独特的文化滋养下世代相传、经久不衰。每一处灌溉工程遗产都是人与自然和谐相处和可持续发展活生生的实证。

中国5000年的农耕文明史中，因水资源禀赋和自然环境差异而建造出类型丰富、数量众多的灌溉工程。留存下来的古代灌溉工程得以延续至今，往往缘于这一灌溉工程在规划、选址、选型、建设和管理上的可持续性，随着科技和社会的发展，其功能和效益仍在扩展中。如安徽寿县的芍陂，是我国历史最悠久的大型陂塘蓄水灌溉工程，它始建于战国时期最强盛的楚国，历经2600多年后，至今仍灌溉着67万亩农田，并成为今天淠史杭灌区的反调节水库。再如有2270多年历史的四川都江堰，是世界上年代最久远、仍在发挥作用的无坝引水灌溉工程。留存至今的古代灌溉工程堪称人与自然和谐相处的典范，是可持续发展的活样板。

抛弃历史的前进，终究是无本之木，善于继承方能更好创新发展。在我们拥有先进科学技术的当代，从灌溉工程遗产中汲取经过历史检验的科学理念、智慧和经验，把现代科学技术与经过历史检验的思想和理念相结合，有助于更好地设计和建造人水和谐与可持续发展的灌溉工程。灌溉工程遗产也是重要的文化传承，在灌区现代化建设的过程中应该同时加强对灌溉工程遗产和灌溉文明的保护，让中华大地上美轮美奂的古代灌溉工程和丰富多彩的灌溉文化依然充满生命力，让历史文化在流水潺潺的水渠、在生机勃勃的田野得到永恒延续发展，为我国灌溉文化的生命传承和建设现代化生态灌区注入不竭的动力。

中国水利水电科学研究院原总工程师
2011—2014年国际灌溉排水委员会第22届主席

2023年8月于北京玉渊潭

它山堰

目录

第一章 概 述

它山堰是我国古代著名水利工程，位于浙江省宁波市海曙区，奉化江支流鄞江上，始建于唐大和七年（公元 833 年）[①]，至今已有近 1200 年的历史。它山堰的兴建使鄞西平原成为浙东重要的产粮区，并影响了宁波城市的发展。它山堰始建时灌田“数千余顷”，现在灌溉面积约 13829 公顷，灌溉效益不断延续。本章就它山堰的自然环境、社会经济状况以及区域人文史作简要叙述。

第一节 地理环境

一、区位及自然概况

它山堰渠首位于浙江省宁波市鄞州区鄞西平原鄞江出山口（见图 1–1），东经 121°20′、北纬 29°46′，地处鄞西平原西南端海拔最高处，灌区覆盖鄞西平原 20 余万亩良田。灌区地势西高东低，平原海拔高程 1.9 至 2.4 米之间，平均海拔高程 2 米。靠近山地边缘略高（<10 米），奉化江沿岸偏低，由西部四明山区向奉化江一侧微倾，并向甬江东北方向的出海口倾斜。鄞西平原西部为四明

① 唐“大和”年号，亦有较多文献载为“太和”，本书中一般写作“大和”，引用资料以原文记载为准。

山脉，鄞江镇四明山麓的鄞江水系交汇处两岸位于较开阔地带，主要有冲积、洪积和坡积地貌。在第四纪的海侵中，鄞西平原大部分被淹没，因此浅海—滨海沉积、湖沼沉积地貌发育显著。而后随着海退作用，在不断的江河冲积下，平原不断沉积升高，形成坦荡的滨海湿地和湖沼洼地，内有海潮入侵和山水出没的网状汊道，在不断堆积和人工整修改造下，造就了今天水网纵横的鄞西平原。

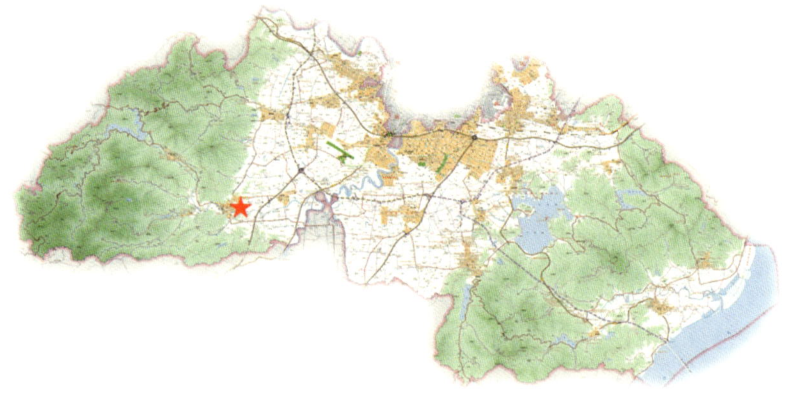

图 1-1　它山堰位置图

受成土母岩、气候、地形、植被等自然因素和耕作习惯的影响，在洪积、海积作用下，鄞西平原的土壤呈现湖泊相、江河相、浅海相合成。土质以黏土为主。由于长期种植水稻、席草，土体受水分浸渍影响较深，使土壤多呈灰色，质地匀细，保水、肥能力强，有机质含量较高。由于地下水位高，土壤水分过多。代表土壤为青紫泥、烂青紫泥。

它山堰所处的甬江流域属北亚热带季风气候区，四季分明，温暖湿润，光照充足，雨量丰沛。冬季以晴冷干燥天气为主，春季雨水增多，初夏多阴雨天气，称梅雨期。7—9 月天气晴热少雨，是洪涝、风暴潮灾害主要发生期。9月以后气温逐渐下降，雨量锐减。流域多年平均气温16.2摄氏度，平均日照时数1900~2100小时，全流域多年平均雨日160天，年无霜期平均203天。

甬江流域内多年平均年降水量1300~1700毫米，年际变幅在2~2.8倍之间。降水量年内时空分布很不均匀，第一个降雨高峰在6月梅雨期；第二个降雨高峰在9月，主要受台风活动影响，为全年雨量最大月份；10月至次年3月雨量较少；7月、8月为晴热干旱期。境内有3个降水高值区：一是四明山区黄土岭、夏家岭一线，年降水量在2000毫米以上；二是县江上游大堰一带，降水量在1700毫米以上；三是鄞东丘陵区，降水量在1800毫米左右。

甬江流域多年平均年径流深677.2毫米，多年平均地表水资源量40.25亿立方米，潜水蒸发量3.38亿立方米。甬江口多年平均入海径流量28.6亿立方米。

甬江流域内水旱灾害频发。1949—2000年流域受台风影响81次，形成水灾15次，其中重大灾害11次，由东风波、梅雨造成的洪涝灾害5次，伏秋旱灾7次，冬旱3次。流域内龙卷风灾害、冰雹灾害、大雪灾害也时有发生。

二、河流水系

鄞西平原水资源丰富，境内河流属甬江水系，水网密布。甬江由奉化江、姚江汇集而成；奉化江又由主源剡江和鄞江、县江、东江3条1级支流，以及鄞奉河网、鄞西河网2支水系组成。它山堰灌区河流多属奉化江水系，奉化江水系中又多属鄞江、鄞奉河网北部（鄞东南）、鄞西河网3支水系。它山堰灌区水系由溪、河、江组成。一般地说，溪承众山之水，上游为溪，中游为河，下游为江。鄞西低山丘陵区、鄞东南丘陵区，有众多溪流，其中流域面积平方千米以上溪流 20 余条。溪流汇入平原河网，河网功能多用于航运、引灌、滞蓄、行洪和排涝。奉化江自西南向东北横切，将中部平原分成鄞西、鄞东南 2 个河网水系，自成调控。中部平原河网由 6 条塘河、20 余条骨干河道组成，纵横交叉，又有无数支流及河浜沟通。平原河网洪涝渍水向江道排泄。江道多为潮汐河流，咸淡水相间，是行洪、排涝主要通道。

1. 江

它山堰区域的江主要为奉化江，包括主源剡江、奉化江干流河段、鄞江、县江、东江等。

奉化江全长 93.1 千米，平均坡降 8.1‰，流域面积 2223 平方千米。

奉化江主源剡江。剡江发源于奉化、余姚、嵊州交界的大湾冈。自河源至公棠的河段称晦溪，晦溪建有亭下水库，晦溪东流至公棠，右纳康岭溪（亦称剡溪）后称剡江。剡江自公棠东北流经溪口至萧王庙镇，镇旁筑有活动堰，拦上游来水入鄞奉平原。继续东流经江口转东北流，至下王渡下游三江口，与东江、县江汇合后称奉化江。剡江自大湾冈源头至下王渡三江口，长 66.7 千米，比降 11.2‰，萧王庙镇以上流域面积 445.1 平方千米。

奉化江干流河段。奉化江河段自下王渡三江口西北流至横涨附近，左纳鄞江，东北流经月亮碶等，至宁波市区三江口与姚江汇合，流入甬江。奉化江干流河段长 26.4 千米，江面宽 130~220 米，平均水深 5 米，水面比降小于 0.01‰，河道曲折多弯，最大弯道杀鸡湾周长 3.5 千米，其上下口之间距离仅 350 米，1963 年 12 号台风洪水时，上下口水位差 0.22 米。奉化江系感潮河段，咸淡水交替，天旱时沿江部分水闸可纳淡水入内河。干旱程度越大，可纳淡河段越向上游移；干旱严重时，奉化江主干河段无法纳淡。

鄞江。鄞江是奉化江左岸一级支流，河长 69.4 千米，比降 11.1‰，它山堰以上流域面积 348 平方千米。它山堰以下的鄞江干流受潮汐影响。鄞江的主源为大皎溪，发源于余姚市四明山镇对冈岭，下游与小皎溪汇合。汇合处建有皎口水库，出水库后称樟溪。樟溪东南流至鄞江镇西首分二流：一流沿光溪 1 千米至洪水湾，出节制闸后入南塘河，进入鄞西河网；一流经它山堰入鄞江干流。鄞江干流出它山堰东流约 1 千米后，左纳洪水湾排洪闸来水，又 300 米右纳清源溪，流至横涨附近汇入奉化江。江段长 9.4 千米，宽 90~110 米，平均水深 2.4 米，坡降 0.48‰。

县江。县江因流经奉化县城（今属奉化区）故名，古时有县溪、大溪、龙津溪、龙溪、镇亭溪之称，为奉化江右岸支流。主流长 69.5 千米，比降 9.4‰，奉化大桥镇以上流域面积 219 平方千米。县江发源于奉化、新昌、宁海 3 县（区）交界处第一尖北坡大堰镇大公岙，下游至方桥与东江汇合。再行约 800 米在下王渡三江口与剡江汇合。大桥镇以下县江河段为坡降平缓的平原河道。

东江。东江因位于奉化县城东（今属奉化区）故名，又称鄞奉江，为奉化江右岸支流。河长 41.7 千米，比降 9.7‰，尚桥头以上流域面积 116.1 平方千米。东江发源于奉化、宁海 2 县（区）交界处尚田镇南端薄刀岭冈，下游流至方桥与县江汇合。再行 800 米在下王渡三江口与剡江汇合。

2. 河

它山堰区域的河主要分布在鄞西河区。鄞西河区的河流基本格局为 5 纵 4 横。

南北纵向 5 条干河为：西部沿山河系、蟹堰碶河系、风棚碶—邵家渡河系、行春碶—跃进河—叶家碶河系、澄浪堰—保丰碶河系。①西部沿山河—大西坝碶河系由小溪港、梅梁桥河、湖泊河、大西坝河等组成，沿途左纳沿山诸溪流，出大西坝碶入姚江。②集士港—蟹堰碶河系由里龙港—照天港、西洋港、集士港、大西坝河、蟹堰碶河组成，出蟹堰碶入姚江。③风棚碶—邵家渡河系由风棚碶河、布政河、邵家渡河组成。其中，风棚碶河出风棚碶后入奉化江，布政河下游流入中塘河，邵家渡河出邵家渡碶后入姚江。④行春碶—跃进河—叶家碶河系由板桥港、象鉴桥河、跃进河、五江河、叶家碶河组成，北出叶家碶入姚江，南经南塘河调节出行春等碶入奉化江，西南通布政，东北通白塔洋即西塘河西成桥西河段。⑤澄浪堰—保丰碶河系由北斗河、护城河组成。其中，北斗河出保丰碶后流入姚江，护城河出澄浪堰闸后入奉化江，七里碶河南通西塘河，东出保丰碶入姚江。

东西横向 4 条干河为：南塘河、后塘河、千丈镜河、中塘河。①南塘河河系，上接樟溪，自它山堰分洪口至洪水湾节制堰段称光溪。南塘河又称前塘河、甬水。民国《鄞县通志》记载南塘河始于光溪桥。全长 24.5 千米，平均河宽 33.1 米。南塘河与奉化江平行，局部地段仅有丘壑之隔，沿途设置较多碶、闸、涵，向奉化江排水、纳淡，是引樟溪之水入鄞西河网和甬城的主要供水河渠之一，也是行洪、排涝、蓄水、灌溉、航运的骨干河渠。南塘河主要支流有车何垶港、段塘河、启文河、祖关山河等。②千丈镜河—水菱池碶河系，由千丈镜河和水菱池碶河组成，南通南塘河，北通新塘河，是横向主要河道。③中塘河—新塘河—屠家奄碶河系，由庄家溪河、中塘河、新塘河、黄隘河等组成。中塘河长 12 千米，平均河宽 24.7 米，横贯鄞西平原中部，具有引水、蓄水、灌溉、航运等功能，是引水入宁波市区的主要河渠之一。④西塘河河系，由上游河、西塘河等组成。西塘河又称后塘河，长 13.18 千米，平均河宽 32 米，沿途多向北连通碶闸、翻水站河渠，向姚江排水、翻水，是鄞西平原引水、灌溉、行洪、排水、航运主要河渠之一。

3. 溪

它山堰区域的溪流主要分布在鄞江水系和鄞西河网。

鄞江水系的溪。鄞江主源大皎溪在龙山脚下与小皎溪汇合，汇合处建有皎口水库。皎口水库以下至鄞江它山堰前称樟溪，樟溪左纳大岙溪，右纳龙王溪、桓溪。它山堰以上流域面积 348 平方千米。它山堰以下右纳清源溪、卖柴岙溪。

鄞西河网的溪流主要有庄家溪和建岙溪。庄家溪主源为大雷溪，发源于塔山冈北麓，下游流入庄家溪河。主流长 19.4 千米，溪床阔 5~25 米、平均水深 2.4 米，坡降 25.29‰，流域面积 44.73 平方千米。建岙溪发源于锡山上大冈东南麓长坑，至梅园大桥南土桥头入小溪港。建岙溪主流长 4.7 米，比降 36.6‰，流域面积 7.13 平方千米。

此外，它山堰与浙东运河也有渊源关系。它山堰修筑在鄞江上游，唐代的鄞西灌区及宁波城区有两大水源，即广德湖与它山堰引水。其地东南为奉化江（鄞江），北临姚江。姚江是浙东运河的一段，水道宽阔，水量丰富，广德湖是姚江主要补水源之一。宋人曾巩《广德湖记》记载："盖湖之大五十里，而在鄞之西十二里，其源出于四明山，而引其北为漕渠，泄其东北入江（姚江）……舟之通越者，皆由此湖。"可知其水可引入姚江，补充水源，以利航运。舟可通越，反映出当时姚江水道可直通绍兴，并经浙东

运河沟通京杭运河。广德湖、它山堰都建成于唐，先后相差约60年，又属同一灌区，共同承担灌溉及宁波城区供水，水源相互补充调节。宋政和八年（公元1118年），楼异废广德湖后，鄞西灌区及城市供水就由它山堰独立承担。古代运输主要靠水运，当时鄞西河网航运繁忙，沟通城乡之间航运往来，河道水源主要靠它山堰引水补充，保障内河航运。内河船舶可经杨木坝、小张堰坝、澄浪坝、大西坝等船坝进入奉化江、姚江与浙东运河、大运河沟通，航行于大江南北。沿海各地，航运非常便捷。

第二节　社会经济状况

它山堰灌区所处区域历史悠久。早在新石器时代的母系氏族公社时期，境内就有原始人类居住。约在原始社会末期，至迟在夏朝初，“鄞”已成为确定的地名。秦灭楚后，于公元前222年置鄞、鄮、句章三县。隋初三县合一，总称句章县。唐时改为鄮县。五代初改为鄞县。直至2002年2月，国务院批准撤销鄞县，设立宁波市鄞州区，实行“区级体制、县级权限”。2016年9月，经国务院批准调整行政区划，包括灌区范围在内的奉化江以西9个镇乡（街道）划归海曙区管辖，奉化江以东区域与原江东区合并，成立新的鄞州区。截至2021年底，它山堰灌区范围包括1个街道和6个乡镇，即：石碶街道、鄞江镇、高桥镇、横街镇、集士港镇、古林镇和洞桥镇，均隶属宁波市海曙区管辖。

一、政区与人口

根据2022年宁波市政府网站资料统计（见表1-1），它山堰灌区土地面积约400平方千米，共辖138个行政村、6个居委会、19个社区和6个渔业社，人口约33万。

表1-1 灌区乡镇主要社会经济指标

辖区	陆域面积（平方千米）	行政村（个）	居民委员会（个）	社区（个）	渔业社（个）	人口（万人）
石碶街道	34	15		8	1	5.8
鄞江镇	63.9	12	1			2.6
高桥镇	53	20		4	1	5.2
横街镇	121.7	28	2			4.2
集士港镇	49	19		3	2	7.97
古林镇	47	24	2	4	2	约5
洞桥镇	31	20	1			2.2
合计	399.6	138	6	19	6	32.97

来源：2022年5月根据宁波市海曙区人民政府网站资料整理。

二、社会经济概况

它山堰灌区历来是著名的鱼米之乡，农业生产特别是粮食生产是区内的传统经济，粮食作物以水稻为主。其中，洞桥镇粮食高产全国有名，多次创吉尼斯纪录。2012年百梁桥粮食丰产坊单季晚稻最高亩产1014公斤，经农业部认证创全国水稻高产纪录。以梁桥米业、米氏企业为代表的粮食加工配套能力也在全市名列前茅。特色农产品发展有力，“八戒”品牌独树一帜，“凤麟湾”热带水果基地初具规模。古林镇作为西郊传统现代化强镇，是华东地区唯一入选农业部数字农业建设试点项目。目前，古林镇围绕“古韵水乡、品质城区、美丽古林”的功能定位，正大力发展都市农业，打造集先进种植、旅游休闲、农耕民俗和农业观光于一体的现代化农业产业基地，成为宁波市西郊的都市后花园。横街镇自然和人文资源丰富。镇内林地面积 10.7 万亩，有竹林 5.32 万亩，森林覆盖率 71.5%，是全国单片竹林面积最大的乡镇，被称为“中国竹笋之乡”。该镇现有区级文物保护单位 9 处，保护点 25 个，爱国主义教育基地 1 个，每年举办一次竹乡生态休闲旅游节，乡村旅游正成为横街经济发展新的经济增长极。

第三节　区域人文史

它山堰灌区所处区域历史上属于宁绍地区。考古发现表明，宁绍地区的拓殖活动发端于 7000 年前的河姆渡先民。其中数量巨大、保存完好的栽培稻遗存，榫卯形式多样的木结构建筑，独特的陶器群，以及舟楫的出现等，证明了长江流域是中华文明的又一摇篮。[①]

秦汉以后至唐开元二十六年（公元 738 年）明州建州之前，宁绍地区属会稽郡，其政治、经济和文化面貌具有同质性，但内部的发展并不平衡。这一时期的发展中心在西部的山阴一带，东部的宁波还是地旷人稀的边缘区。

唐代明州的建立对于宁绍地区的社会文化发展有着重要意义。明州建州以后，宁波跨入了实质性的开发阶段。随着行政秩序的确立、人口的不断增多和农业灌溉的需要，水利建设大规模地开展起来，并有后来居上之势。经济发展的成果也使本地域的生产

① 本部分主要依据《宁波通史》，“前言”，第 4—9 页。

结构发生较大的变化，最为突出的是手工业领域的制瓷业的异军突起。唐及五代时期，明州凭借港口的优势，开拓出对外交往的新格局。这一时期明州港及其向海上各国的延伸线，不仅是“朝贡”贸易的通道，也是民间商团往来的重要线路。这样，唐代中期以来，开始出现了以明州为中心的新的经济亚区。

两宋时期是宁波历史上的一个重要发展阶段，也是宁波文化发展史上的重要时期。这一时期最突出的就是海外贸易。伴随着明州经济的进一步发展、造船和航海技术的进步，以及政府对海外贸易的日趋重视，明州（庆元）港的对外贸易进入了一个新的繁荣期。不仅与东亚高丽、日本的贸易繁荣，而且由于南海航线的拓展，与东南亚、波斯湾沿岸各国的贸易也大大加强。明州港逐渐取代了杭州在两浙路诸港口对外贸易中的地位，成为与广州、泉州齐名的东南三大贸易港之一，瓷器、丝绸、茶叶等货物皆由明州港出口。经济的发展，促进了文化的繁荣。六朝时期，宁波还是一块“远废之畴，方翦荆棘”[①]的区域，至宋代则发生了明显改观。北宋时“庆历五先生”率先开辟了浙东学术的草昧，并培养了一批优秀的文化人才。至南宋中期，宁波学者蔚起，“四明四先生”（杨简、袁燮、舒璘、沈焕）的陆学和黄震等人的朱学，在学术上有重大的拓展和建树。伴随着地域文化的繁荣，两宋时期宁波与海外的文化交流也表现得活跃起来。宁波不仅是外来文化登陆地，而且也是异域僧人参学的胜地，以僧人互访和佛教文化交流为主要形式，促进了区域其他文化的交流。

元明时期，宁波地区随着人口的增多，土地呈现紧张局面，

① ［南朝梁］沈约：《宋书》，卷54。

客观上促进了商业的进一步发展。元代诗人袁士元有诗写道："鄞依郡之域，去海仅一间。十室九为商，力农苦不惯。"① 此外，这一时期阳明心学的兴起，对宁波区域的社会生活和文化发展也产生了很大影响。

清代是宁波向近代社会演进的重要历史阶段。清初黄宗羲创立浙东学派以来，宁波文化再一次走向繁荣。黄宗羲的《明儒学案》是我国封建社会最早最完备的一部学术思想史著作。他的思想体现了为时代服务的学术宗旨，体现了民主性和科学性的学术精髓。此后，万斯大、万斯同、邵晋涵、全祖望等，并为浙东学派的大贤。浙东学派兼治经学、史学、文学和科学，在各个领域均卓有建树。

近代以来，鸦片战争后宁波港被强辟为"五口通商"口岸之一，宁波被动开埠，客观上促进了宁波与全国各地乃至世界各国的联系。这一时期，宁波人引进新技术，从事新式的工商业，逐渐走上了近代化的道路。随着西方文化的不断涌入，宁波文化也在吸纳中进一步向近代文化转型。

在长期的历史发展中，它山堰灌区所处区域留下了丰富的遗存，也积累了深厚的文化底蕴。修建于明代的天一阁，是中国现存最早的私家藏书楼，也是宁波的城市印记和文化之脉；千年月湖，是宁波市中心开放式的江南山水园林，十洲胜景，人文荟萃，素有"浙东邹鲁"之美誉；始建于唐代的它山堰，是世界灌溉工程遗产，全国重点文物保护单位；梁祝文化园，是中国古代四大爱情传说梁祝故事的发祥地，等等，可谓处处镌刻着历史的印迹，时时散发着文化的气息。

---

①［元］袁士元：《书林外集》，卷1，《又与朱典史》，续修四库全书本。

第二章　工程沿革

它山堰位于奉化江流域鄞江出山口位置，是中国东南沿海典型的拒咸蓄淡灌溉工程。它山堰始建于唐大和七年（公元833年），渠首为砌石结构拦河堰，干渠南塘河上建乌金、积渎、行春泄水闸，形成具有蓄水、引水、灌溉、防洪等功能的灌溉工程体系。此后渠系不断完善，成为区域重要灌溉工程和宁波水源工程。13世纪时渠首增建回沙闸，以减少渠道淤积，并在渠首和干渠末端建水则碑，通过水位监测控制灌区各闸运行。16世纪时在干渠进口筑官塘，增加渠首蓄水量。20世纪80年代官塘拆除，洪水湾塘改建泄洪闸，灌区其他碶闸、节制闸等都系统改造。

第一节　工程历史演变

它山堰始建于唐大和七年（公元833年），并沿用至今。历朝历代都有修葺，总的来说，它山堰的发展经历了三个阶段：第一阶段为唐代工程创建时期。它山堰建造后，王元暐为使它山堰能够更好地起到防洪等作用，在中游设立乌金、积渎、行春三碶。第二阶段为宋代水利设施完善阶段。宋代是东南沿海发展的高速期，鄞县（今宁波鄞州区）也得到了长足的发展，特别是在广德湖淤积严重直至北宋末年被废，此时作为鄞西最重要的水利工程，

配套水利设施齐备。第三阶段是明清以来水利区与多功能塘河水系形成阶段。

一、唐代的创建

1. 王元暐和它山堰

王元暐，唐琅琊（今山东青岛黄岛区）人，生卒年不详。唐大和七年（公元 833 年），王元暐以朝议郎、上柱国行鄮县令。时境内有他山（又作它山）一水，易成水、旱之患。王元暐率众筑它山堰，堰堤用条石砌筑而成，限截鄞江，分流江、溪，排灌功能强。它山堰建筑精密，为后人所重，宁波民众颇受其益。最早记载王元暐修筑它山堰的是宋人张津纂修的《四明图经》。其卷二写道："它山堰，在县西南五十里，唐开元邑宰王元暐之所建也。累石为堤，江河分流截为二，若神工然。明之为州，滨海枕江，水善泻而易竭，与沙少屯，井泉辄涸，酌饮江水，人以为病。引它山之水自南门入城，潴为西湖，合境取给，始无旱晒之忧，它山堰之为利溥矣。"[①] 而早在唐代就有僧亮的《它山歌诗》流传。诗曰："它山堰，堰在四明之鄞县，……大和中有王侯令，清优为官立民政。……略呼父老问来由，便识机谋造其堰。垒石横铺两山嘴，截断咸潮积溪水。灌溉民田万顷余，……时人若解感此恩，年年祭拜王元暐。"[②] 堰成之后，百姓于堰旁建祠，刻石立碑，记其筑堰功绩，爵曰侯，谥曰善政。宋真宗咸平四年（公元 1001 年）重修其祠，赐号曰"遗德"，即遗德庙。[③]

①《四明图经》，卷 2。

②《四明它山水利备览》，卷下。

③《宝庆四明志》。

2. 它山堰创建初期的工程结构

它山堰始建于唐代[①]，其具体的创建年代文献记载有两个：一是南宋《四明它山水利备览》记载的唐大和七年（公元833年）；二是南宋《四明图经》中记载的唐开元年间（公元713—741年）。二者相差近百年。目前较通行的是唐大和七年（公元833年）。

它山堰工程在施工之前，经过了周密的调查研究。据宋代魏岘的《四明它山水利备览》等有关史料记载，时任鄮县县令王元暐为了选择合理的坝址，四处勘察，相度地势，终于发现了“两山夹流，铃锁两岸”的它山。它山地势优越，大溪之南沿流皆山脉连绵，北面都是平壤之地，南岸之山与它山夹流，两岸有石趾可据。因此王元暐决定利用这个优越的坝址兴筑阻咸、蓄淡和引水的渠首枢纽工程，把鄞江上游来水引入内渠南塘河，并在内河与外江之间围堤建闸，把江河分开。堰上之水，平时七分入河，三分入江；涝时七分入江，三分入河。又在南塘河下游兴修乌金、积渎、行春三堨（即溢流堰）。这样涝时可将多余的水排入甬江，旱时利用潮汐的顶托纳淡水入湖，并利用南塘河主渠的水，通过纵横的水网，流入整个鄞西平原。这既可灌溉鄞西平原广大的农田，又可引水入宁波，蓄潴成日、月二湖，以供居民饮用。

它山堰建成之后，整个鄞西平原不再受咸潮侵袭，数千顷农田旱涝无虞，整个区域水环境得到极大改善，社会经济快速发展，人口快速增加、商业发展。至唐天祐年间（公元904—907年），宁波城区的范围由之前的“周围四百三十丈”扩大到“周围二千五百二十丈”，它山堰厥功至伟。

---

① 王一鸣、陈勇：《从它山堰现场勘探情况谈其结构》，载《它山堰暨浙东水利史学术讨论会论文集》，中国科学技术出版社，1997年，第78—81页。

二、宋代工程体系的完善

宋代在唐代工程基础上，对堰体进行加固，并在渠首增建回沙闸、洪水湾塘，干渠上增建了风棚碶。这一时期，渠首泥沙淤积问题突出，还设立了专门的疏浚机构（见表 2–1）。

建隆年间（公元 960—963 年），堰损，水不入渠，节度使钱亿（系吴越王钱俶之弟）修复并增筑加固。宋建中靖国（公元 1101 年）及崇宁年间（公元 1102—1106 年），堰上沙淤，水流散漫，堰身渗漏，监船场宣德郎唐意窒其岐派，培其堰堤。鄞令龚行修，签幕承议郎张必强“复增卑以高，易土为石，冶铁而固之”，俾潦不至淫，旱不至涸。肩舆而往，操舟而还，邦人聚观，叹其神速。嘉定七年（公元 1214 年），提刑官程覃代理县令，因堰上沙壅水滞，捐田 40 亩，委乡之强干者，掌其租入，岁给役夫之资，并组成掏沙疏浚机构，对堰上堰下之河道，常年疏浚。

宋熙宁中（公元 1068—1077 年），县令虞大宁于北渡附近建风棚碶。风棚碶介于行春、积渎之间，地势低下，外可引奉化江南来之淡水，内可泄它山西来之暴洪，旱涝有备。宋淳祐二年（公元 1242 年），知府陈垲为防止内港淤积，在它山堰西北 150 米处建三孔回沙闸，以阻沙入港，免受淤沙之患。淳祐三年（公元 1243 年）秋，连经大水，冲坏江堤。宝祐年间（公元 1253—1258 年），知府吴潜就其地置三坝，一濒江、一濒河、一介其中，后中外二坝垫于江中，只存濒河一坝，即洪水湾塘。

此外，为保证灌渠闸碶按时启闭，宋开庆元年（公元 1259 年）吴潜在宁波城内平桥下设水则，据水深推算出各处水情，以定开启时间。

表 2-1　两宋时期它山堰建设沿革

人物	年份	内容	出处
钱亿	北宋建隆中（公元960—963年）	它山堰损若不可收，跪请于神，增筑全固。	（宝庆）《四明志》卷一《太守》
龚行修	北宋崇宁元年至二年（公元1102—1103年）	签幕承议郎张必强“复增卑以高，易土为石，冶铁而固之”。	《四明它山水利备览》卷下
秦棣	南宋绍兴十六年（公元1146年）	增葺它山补土石之罅漏，塞梁坍之溃穴，易土以石冶铁而固之。	《四明它山水利备览》卷下
程覃	南宋嘉定七年（公元1214年）	捐田40亩，委乡之强干者，掌其租入，岁给役夫之资，并组成掏沙疏浚机构，对堰上堰下之河道，常年疏浚。	《四明它山水利备览》卷上
魏岘	南宋嘉定十四年（公元1221年）	延续程覃的做法捐缗置田。	（宝庆）《四明志》卷四《日月二湖》
胡榘	南宋绍定元年（公元1228年）	延续程覃的做法捐缗置田。且“始拘其租于官重有司之责”。	（宝庆）《四明志》卷四《日月二湖》
赵以夫	南宋嘉熙三年（公元1239年）	委任魏岘，增置田亩数。	《四明它山水利备览》卷上
余天赐/陈垲/黄大猷	南宋淳祐元年至三年（公元1241—1243年）	余天赐委任魏岘浚疏。陈垲在它山堰上游置回沙堰。黄大猷在它山堰下游洪水湾筑石塘。	《四明它山水利备览》卷下/卷上
王松/郑琼	南宋宝祐六年至庆元元年（公元1258—1259年）	疏浚它山堰下游洪水湾。	（开庆）《四明续志》卷三《洪水湾》

三、元明清以来水利区与多功能塘河水系的发展演变

宋代以后，经历代修理、疏浚、增筑，它山堰水利工程体系日臻完善，功能也日趋完整（见图 2–1 至图 2–4）。

堰体工程方面，明嘉靖三年（公元 1524 年）于渠首下游南塘河上建官塘和单孔石拱光溪桥。官塘又名官池塘，是曲尺形砌石结构，左岸连接光溪桥，兼有挡水、交通、节制等功能。光溪桥西连官池塘，便于向小溪港引水，两者配套为一整体运用工程。明嘉靖十五年（公元 1536 年），县令沈继美用石板置立堰口，即现存堰上游面的竖立挡水石板，用作加固堰体，防渗制漏。为保护堰面石板，外面用方石柱加固，并加高堰顶一尺，疏浚回沙闸，使沙不复壅，水入河稍增，民更称便。

塘河水系方面，明清时期修建了多处控制性工程。明万历年间（公元 1573—1620 年），鄞令沈犹龙率众筑沈公塘。清康熙十年（公元 1671 年），县令朱士杰在南塘河上修塘，因形似狗颈得名狗颈塘，长 416 米，宽 10.24 米，与洋河、沈公二塘连接。此外，清乾隆四十一年（公元 1776 年）、咸丰七年（公元 1857 年）、民国十三年（公元 1924 年）对洪水湾塘重修增筑。旧塘长 105.6 米，1924 年重修后长 320 米，高 4.16 米，为一条坚固石塘。洪水湾塘为阻咸蓄淡、行洪排泄工程，它山堰泄洪后之余水在此再分洪一次。20 世纪 70 年代以后，因官塘被拆、上下游设障等原因，为提高泄洪能力，1988 年改塘为闸，建成洪水湾排洪闸，以提高排泄能力。到清代后期，它山堰灌溉工程体系已有九碶、五堰、十三塘之说。

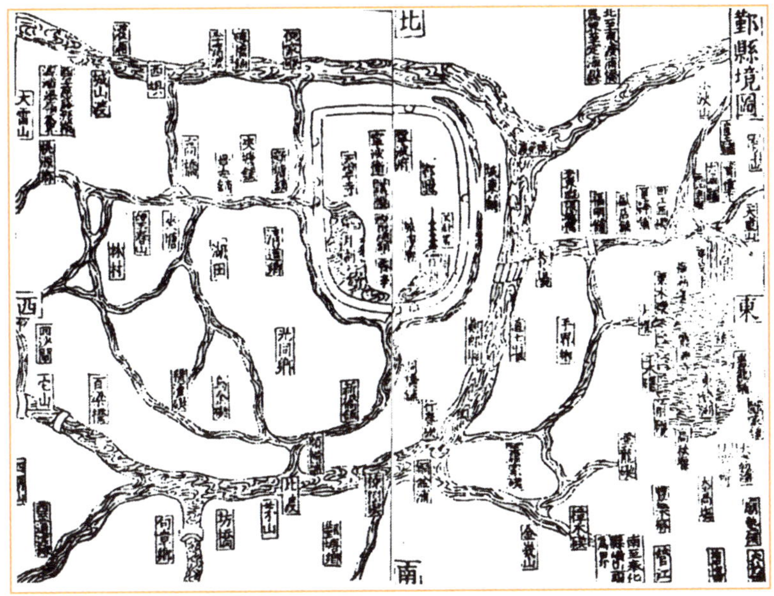

图 2-1 明嘉靖《宁波府志》载它山堰工程体系分布（16 世纪 60 年代）

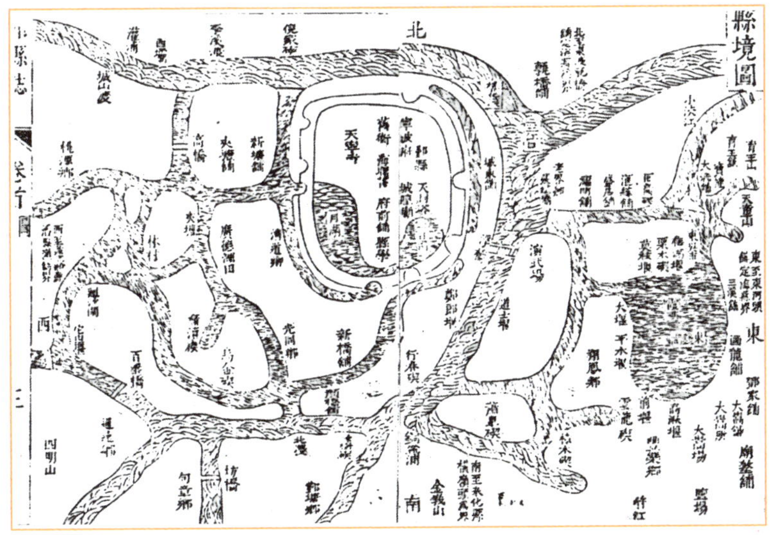

图 2-2 清康熙《鄞县志》载它山堰灌溉工程体系（17 世纪 80 年代）

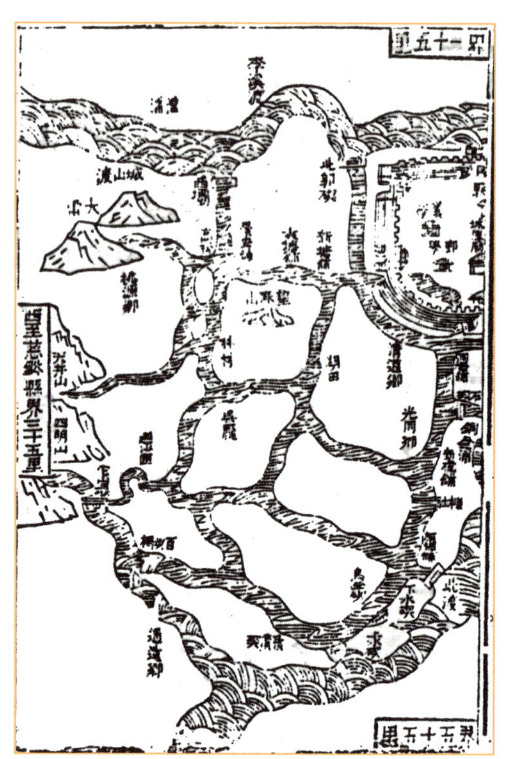

图 2-3　清雍正《宁波府志》载它山堰灌溉工程体系（18 世纪 30 年代）

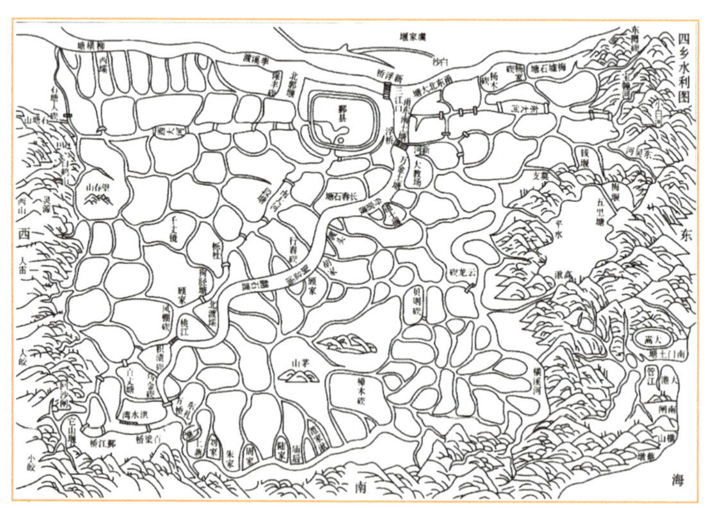

图 2-4　清代鄞县水系图

民国三年（公元 1914 年），鄞耆绅张传保在堰上清理淤沙，以通水道。民国十年（公元 1921 年）重修官塘（见图 2–5）。1949 年后多次疏浚堰上溪流。1965 年冬至 1966 年春，整溪导流，疏拓溪床，砌石护岸，重建分水龙舌。1986 年冬至 1987 年春，重拓它山堰上游行洪河道，平均挖深 1 米。两岸砌石固岸，清除过水路面，兴建行洪大桥。修筑光溪两岸防洪堤，整修堰上护堰防渗石板，堰下防冲护坦，提高引流排洪能力。20 世纪 70 年代以后，因官塘被拆、上下游设障等原因，为提高泄洪能力，1988 年改塘

图 2–5　民国时期它山堰灌区的范围（20 世纪 20 年代）

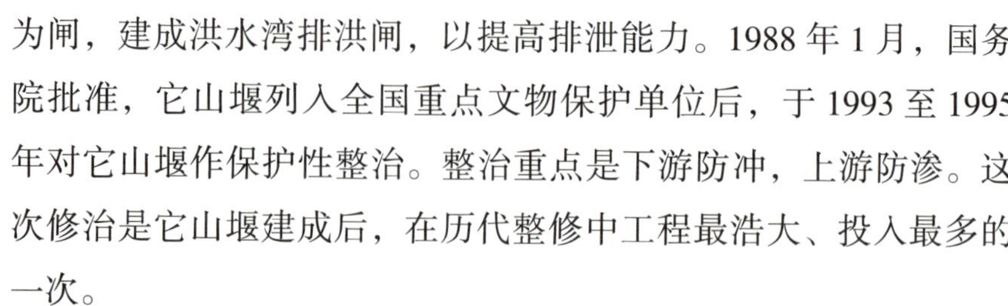

为闸，建成洪水湾排洪闸，以提高排泄能力。1988 年 1 月，国务院批准，它山堰列入全国重点文物保护单位后，于 1993 至 1995 年对它山堰作保护性整治。整治重点是下游防冲，上游防渗。这次修治是它山堰建成后，在历代整修中工程最浩大、投入最多的一次。

第二节　管理及其演变

水利工程建设与水利管理二者是相辅相成的，水利工程只有通过管理和合理调度运用，才能充分发挥效益。它山堰自唐代建成后，至今沿用千余年，效益不减，与历朝历代的维修及管理制度密切相关。历史上它山堰的管理采用官方与民间结合的模式，官方主要负责组织工程修建、维护，民间则负责具体的用水分配管理。历代的管理章程以“堰规”的形式，由地方政府颁布并刻在石碑上，供管理者和用水户共同遵守（见图 2–6、图 2–7）。

唐代它山堰建成后就有防沙、护堤措施和有关禁约，并建立掏沙机构，置田产，筹集经费，落实人员，对工程开展管理养护。回沙闸建成后，配有专门看守人，规定闸外掏沙制度。南宋嘉定七年（公元 1214 年），提刑官程覃代理县令，因堰上沙壅水滞，捐田 40 余亩，委乡之强干者，掌其租入，岁给役夫之资，并组成掏沙疏浚机构，对堰上堰下之河道，常年疏浚。据文献记载：“捐缗钱千有二百贯，置田四十亩三角二十九步，收租谷一百一十四石一斗五升，系西郭斗斛，岁充它山淘沙之用。”“它山水灌溉鄞县管下七乡民田。每年沙涨，四季合用淘沙、开淤，和雇人夫，一岁当一百千。本府措置，今支一千二百贯文官会委鄞县丞、同

图 2-6　它山庙前的加封孚惠遗德庙善政灵德侯王公碑（上面有建堰管堰的记载）

图 2-7　立永禁碑（位于鄞江镇晴江岸村，碑文永久性确立灌区内不得从事破坏灌溉工程渠系的各项规定，以实现灌区永续发展）

乡官朱中颖将仕等，置到田四十亩三角二十九步半，上白粳谷一百十四石一斗五升，每季系乡官收支掌管。开淤仍委鄞县提督。已申奏朝廷，从申札下。”

南宋，为了实施对河网水位的控制，淳祐二年（公元 1242 年），知府陈垲在它山堰回沙闸设平水则，并重修北宋设立的江东大石桥平水则，建立城内水位与鄞东南河网各河段、碶闸水位的关系，进行统一调度。开庆元年（公元 1259 年），制使吴潜又在镇明路平桥头设立平字水则，与鄞西河网水位相连，视水面处于平字的部位，据以启闭沿江各碶闸。由于它山堰灌区水网错综复杂，碶闸分布广泛，直接涉及各地之间的利益关系，水则的集中设立，大大缩短了水位变化与操纵碶闸启闭之间的时间间隔，提高了管理运用的精度，减少了各有关地区间的水利纠纷。

明清时期，官方和民间都参与它山堰工程管理。如嘉靖三年（公

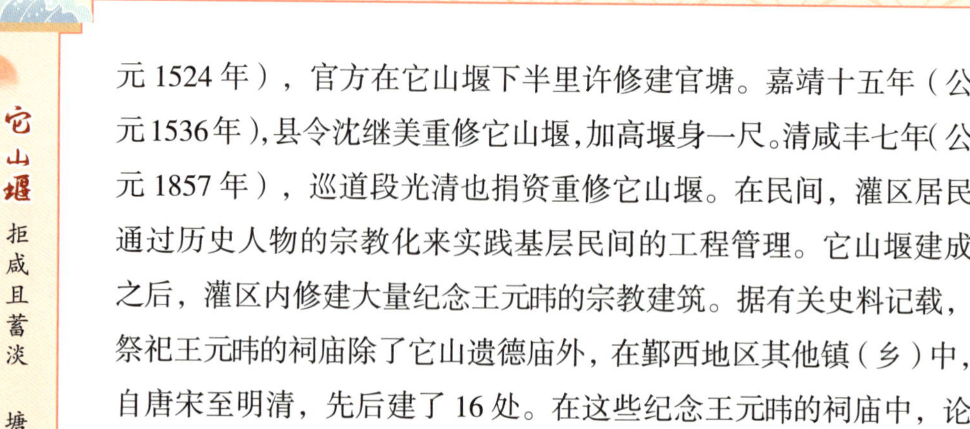

元 1524 年），官方在它山堰下半里许修建官塘。嘉靖十五年（公元 1536 年），县令沈继美重修它山堰，加高堰身一尺。清咸丰七年（公元 1857 年），巡道段光清也捐资重修它山堰。在民间，灌区居民通过历史人物的宗教化来实践基层民间的工程管理。它山堰建成之后，灌区内修建大量纪念王元暐的宗教建筑。据有关史料记载，祭祀王元暐的祠庙除了它山遗德庙外，在鄞西地区其他镇（乡）中，自唐宋至明清，先后建了 16 处。在这些纪念王元暐的祠庙中，论建筑规模、修建历史及影响范围当首推遗德庙。除了祭祀王元暐的祠庙之外还有祭祀风棚碶建造者的风棚碶庙等。民间百姓通过定期在宗教建筑内的聚会，商讨基层渠系修缮与维护，保证工程的永续利用。

民国时期，鄞县的民间水利组织和水利机构都负责对它山堰工程的管理。如鄞西水利协会、鄞县水利协会、鄞县第六七区碶闸堰坝整理委员会、鄞县掏沙会等，负责它山堰工程的管理、维修工作。这一时期，官方对它山堰比较大的维修有两次，一次是 1914 年宁波乡绅张传保（申之）组织人力清理堰中淤沙，以通水道，保证了它山堰正常功能的发挥。另一次是 20 世纪 20 年代对南塘河和中塘河的疏浚工作。南塘河是沟通鄞县城区与西南乡的主要通道，也与宁波西南各乡农业生产和居民生活密切相关。因年久失修，导致洪水灾害频发，民众深受其苦。当地人士范翊钤、冯丙然等先后倡议疏浚南塘河。冯丙然派技术人员详细测量启文桥到天乐亭之间的河道淤积和损坏情况，为南塘河浚治工程做前期准备。1924 年 4 月成立疏浚南塘河工程筹备委员会，推举张传保为工程主要负责人，制定投标章程和施工细则。南塘河疏浚工程从 1924 年 5 月开工，1928 年 3 月全部完工，历时近四年之久。

该项工程从鄞江镇潭开始到鄞城长春门止，全长20多公里，“道路、桥梁、碶闸、堰坝亦次第修整”，工程耗资16万元之巨。南濠河为南塘河末段，属于交通要冲，同样因年久失修而淤塞。此次南濠河的疏浚，除清理河道淤泥之外，又用石块砌筑河堤，并在河边建筑凉亭。南濠河修浚工程历时两年，修治费用2.6万余元，主要靠民众捐助。此外，这一时期也对位于宁波横街头至西门鄞西桥间的中塘河进行了浚治。1926年，由宁波当地私人捐献银元和收取沿河田亩捐，总计7万元，作为疏浚中塘河的资本，开始对全长13.2千米的中塘河进行疏浚。经过近5年努力，中塘河不仅得到疏浚拓深，而且整砌了从集士港至望春桥两岸7千米长的石坎，至1931年中塘河浚治完工。

1949年中华人民共和国成立后，水利事业迅速发展，管理机构、管理方式也逐步完善。1950年11月，成立鄞县水利委员会。1956年鄞县人民政府设置水利局，各区设立水利委员会。目前，针对它山堰工程主要有鄞江镇人民政府、鄞江水利管理站、它山堰文物保护管理所等三家单位共同管理。鄞江镇人民政府制定有《它山堰水利工程管理制度》（见图2–8），规定“在工程保护范围内，严厉打击影响工程运河和危害工程安全的采沙、取土等活动”“镇村建设不得擅自占用它山堰水利工程渠（河）道或者影响水利工程的安全和运行。确需占用的，应当征得水利管理部门的同意，经有管辖权的水利行政主管部门批准”“加强它山堰工程上下游河道管理，严禁在河道内设置障碍物，确保河道畅通”。鄞江水利管理站负责“工业、农业等用水单位水费和水资源费征收工作，同时做好水量调度、水费核实、用水权许可证登记发放和年审”等工作。它山堰文物保护管理所主要负责文物保护工作。

1988 年国务院批准它山堰列入全国重点文物保护单位后，文物部门对它山堰开展了多次保护性整治。规模较大、投入较多的一次是 1993 至 1995 年进行的保护性整治，整治重点是下游防冲，上游防渗。主要工程措施包括防冲护坦整修和堰体及堰体底部防漏。关于防冲护坦整修，唐代堰体用条石砌筑，下游未设消能防冲设施，使堰下游产生河床冲刷。清代，堰体下游补修了用大片石（石板）砌筑的护坦。但铺砌长度不够，年久失修，护坦末端部分大片石脱落或被水冲走，河床冲刷严重。为保护堰体安全，1993 年冬至 1994 年春，对下游护坦作了重大修治，一是将堰下高程 1.1 米、宽 5.5~7 米的原有大片石护坦进行补缺修整，用细骨料混凝土灌缝固定。二是在大片石护坦后同高程，浇筑 8.2~9.7 米的宽混凝土延长护坦。三是浇筑 6.5 米宽、高程 0.6 米的二级混凝土护坦。其后为一段 5 米长、坡度 1 ∶ 0.3 的延伸段与江道底相接，此段用块石砌筑过渡，与江底砂卵石连接。左岸自堰下至防冲护坦末端段用方块石砌筑护岸。关于堰体及堰体底部防漏，由于堰体用大条石砌筑，渗漏严重。堰体渗漏不断冲刷堰体接缝，影响工程安全。堰体底部为河床砂砾石地基，也是漏水通道，会产生渗透变形，不但危及堰体安全，而且使淡水资源流失。整治方案采用堰前铺盖和基础帷幕灌浆。1995 年汛前，先完成堰前 3 米范围、高程 2.3 米混凝土铺盖浇筑。同年 10 月开始堰前基础帷幕灌浆。灌浆范围自铺盖以下至高程 -1.45 米。灌浆采用二序孔进行，全部灌浆于 1995 年 12 月 9 日结束。

它山堰水利工程管理制度

为了加强它山堰水利工程的管理，保护古水利工程遗产，适应它山堰灌区经济和社会发展需要，结合当地实际制定本制度。

一、宣传、贯彻、执行国家、省、市、区关于水利工程各项法律、法规和方针政策，遵守上级机关有关工作制度。

二、做好它山堰工程的日常管理，在工程保护范围内，严厉打击影响工程运行和危害工程安全的采沙、取土等活动。

三、镇村建设不得擅自占用它山堰水利工程渠（河）道或者影响水利工程的安全和运行。确需占用的，应当征得水利管理部门的同意，经有管辖权的水利行政主管部门批准。

四、加强它山堰工程上下游河道管理，严禁在河道内设置障碍物，确保河道畅通。

五、做好防汛工作，定期开展汛前检查，保证水利工程安全度汛。

六、加强对它山堰工程的维护，根据工程运行情况，必要时进行维修加固。

鄞江镇人民政府

职能职责

鄞江水利管理站站址座落于鄞江镇水中东路1号，是鄞州区水利局在基层派出机构。管理区域范围包括石碶街道、洞桥镇、鄞江镇

本站所管理主要工程有：堤坊3.58公里，奉化江（鄞江）江42.84公里，大小河道197公里，大小排涝水闸33座，水库小（一）型1座，小（二）型8座，山塘67座，排涝站3座，水文站4座。

水管站主要职能职责：

一、宣传、贯彻、执行国家、省、市、区关于水利建设、管理、改革和水行政执法等各项法律、法规和方针政策，遵守上级机关的各项工作制度。

二、认真抓好基层党支部的组织建设和党风廉政建设，落实党风廉政建设责任制，廉洁从政。实行政务公开，依法行政，确保政令畅通。

三、加强水管站的队伍建设，建立健全各项规章制度，抓好全体职工的政治理论和业务知识的培训教育等工作，全面提高职工综合素质。管理好辖区内的各类水工程。协助乡镇做好水利工程建设、施工管理与技术指导工作。

四、配合乡镇做好防汛防旱工作，及时掌握汛情动态，做好上情下达、下情上报工作，保证水利工程安全渡汛。

五、负责辖区内的工业、农业等用水单位水费和水资源费征收工作，同时做好水量调查、水费核实、用水许可证登记发放和年审，并大力宣传依法用水、节约用水。

图 2-8　它山堰灌区相关管理制度

第三节　工程历史文献

它山堰工程历史文献主要有方志、碑刻和诗歌等。

一、方志

1. 古代方志

古代方志以南宋魏岘的《四明它山水利备览》最为著名。此外还有历代的《宁波府志》《鄞县志》等。

《四明它山水利备览》，南宋魏岘撰，共2卷。上卷是对它山堰工程的记载，下卷是对它山堰碑文的汇集。该书是我国现存最早的水利工程专志，对研究四明它山堰有着重要的史料价值。《四库全书总目提要》称“此书在地志之中颇为近古，宋《四明郡志》

尝采其说。然传本颇稀，几于泯没而无可考”。

《四明它山水利备览》（序）

民以食为天。然以滋以灌，生是百谷，而粒我蒸民者，非水之功乎！此六府养民所以首水而终谷也。田而不水，虽后稷无所施其功。鄞邑之西乡，所仰者唯它山一源。厥初，大溪与江通，泾以渭浊，耕凿病矣。唐太和七年[①]。邑令琅琊王公元玮，度地之宜，叠石为堰，冶铁而锢之。截断江潮，而溪之清甘，始得以贯城市，浇田畴。于是潴为二湖，筑为三堨，疏为百港，化七乡之泻卤而为膏腴。虽凶年，公私不病，人饱粒食，官收租赋，岁岁所获，为利无穷。可谓功施国、德施民矣。然时有旱潦，则当蓄泄，水有通塞、则当启闭。堨埭当修，沙土当捍，不无待于后之人。岘，幼尝奉教于先生长者，以为学道爱人之方，不必拘其事，苟可以致其爱，人之心，无非道也。家距堰不数里，自问铸来归，闲居十余年。日与田夫野老话井里闲事，且州家尝属以任修堨、淘沙、造闸之责，益得以讲源（原）委，究利病。又考《图志》所载，及前哲记文，粗知兴造增修之由，参以已见，编为一帙，目曰《四明它山水利备览》。庶几讲明水政者，观此或易为力云。

大宋淳祐二年（公元 1242 年）上元节[②]里人魏岘序。

① 应为“大和七年”，即公元833年。《四明它山水利备览》中“大和”皆作“太和”。

② 作序年份淳祐二年（公元1242年），书内记有三年者，系成书后，述事下延所致。上元节，即正月十五元宵节。

它山水源

它山之水，源自越山，委蛇绵历几二百里。由上虞县分水岭（一名斤岭，自趾至巅凡十六里，故名）百余里，然后，历大小皎、密岩、樟村、桓村、平水，此其大派也。又一派出杖锡山，并合众山之流，会于大溪，至于它山。溪通大江，潮汐上下，清甘之流，酾泄出海，泻卤之水，冲接入溪。来则沟浍皆盈，去则河港俱涸，田不可稼，人渴于饮。唐太和七年，邑令王侯元暐，相地之宜，以此为水道，所历喉襟之处，规而作堰，截断咸汐。导大溪之流，自堰之上，北入于溪百余丈，折而东之，经新安，历洞桥，此前港也。自镇都入惠明桥，至仲夏，此后港也。仲夏之水，至新堰面合流，经北渡、栎社、新桥，入南城甬水门，潴为二湖，曰日，曰月。畅为支渠，脉络城市，以饮以灌。出西城望京门，由望春桥接大雷、林村之水，直抵西渡。其间，支分派别，流贯诸港，灌溉七乡田数千公顷。天之旱潦，有不可必，此水岁可持以为常，田事仰之，实为霖雨。自唐逮今四百十有六年①，民食之所资，官赋之所出，家饮清泉，舟通物货，公私所赖，为利无穷。先贤堰是，而以此水锡（赐）吾邦人，所以为生民立命也。

置　堰

侯之经营是堰也，历览山川，相地高下，见大溪之南。沿流皆山，其北则皆平地，至是始有小山，虎踞岸旁。以其无山相接，故谓它山。详见《鄞志》。南岸之山势，亦俯瞰如饮江之虹。二山夹流，钤

①“自唐逮今四百十有六年”，有认为如按距筑堰时算起，则为淳祐九年（公元1249年），也有学者考证是在筑堰后唐朝有几个年份一年两元所致。

锁两岸。其南有小屿二，屹然中流，有捍防之势，人目为强堰[①]。其北，小山之西，支港入溪，则七乡，水道，襟喉之地，因遂堰焉。由是，溪江中分，咸卤不至，清甘之流，输贯诸港。入城市，绕村落，七乡之地，皆赖灌溉（七乡，曰通远、光同、桃源、句章、清道、武康、东安）。

堰规制作

它山乃众流胥会之地。每岁至秋，万山之间，洪水暴涨，湍激迅疾，极目如海。侯之为堰也，规其高下之宜。涝则七分水入于江，三分入溪，以泄暴流；旱则七分入溪，三分入江，以其灌溉。堰脊横阔四十有二丈，覆以石版（板），为片八十有半。左右石级，各三十有六。岁久沙淤，其东仅见八九，西则皆隐于沙。堰身中空，擎以巨木，形如屋宇[②]。每遇溪涨湍急，则有沙随实其中，俗谓护堤沙。水平沙去，其空如初。土人以杖试之，信然。堰低昂适宜，广狭中度，精致牢密，功侔鬼神。其与他堰埭杂用土、石、竹、木、

①强堰，据清学者全祖望考证，殆即所谓龙舌也。强堰者，谓其本非堰而似堰也，见《东四明地脉记》。

②“堰身中空，擎以巨木，形如屋宇”。1990年出版的《中国水利百科全书》第四卷根据这一记述，说它山堰是一座“用条石砌筑上下各36级的拦河滚水坝……堰身中空，用大木梁作支架”。1991年出版的《中国水利》也说“它山堰是一个空心坝，用80块条石砌筑而成”。从最近一次整治保护工程的勘探、钻孔灌浆和混凝土铺盖竣工后得出二种看法，一是在历次重大修复中，为加宽、增高、加固需要，曾在河床中打入木桩，估计桩长2到2.5米左右，然后在上面回填黏土及碎石和木料，最后才铺设若干层条石，“叠石为堰，冶铁而固之”，由于年长日久，石板下面的土层经常被上游来的洪水冲淘，有些地方逐渐形成空隙，施工中发现朽木、腐殖质，还伴有不少铁锈，与叠石冶铁的记述相吻合。另一种看法，堰体直接建筑在底岩及沙卵石基础上，堰身之上下游两边砌以条石，中间用沙砾石填筑充实，堰上再覆以条石。总之，否定了堰身中空、是个空心坝的结论。

砖、筱，稍久辄坏者不同。常时，大溪之水，从堰入江，下历石级，状如喷雪，声如震雷。耆老相传，立堰之时，深山绝壑极大之木，人所不能致者，皆因水涨乘流忽至，其神矣乎！

梅 梁

梅梁[①]，在堰江沙中，《鄞志》谓梅子真旧隐大梅山，山有大梅木，其上为会稽禹祠之梁，其下在它山堰，亦谓之梅梁。禹祠之梁，张僧繇图龙于其上，风雨夜或飞入鉴湖与龙斗，人见梁上水淋漓而蘋藻满焉，始骇异之，乃以铁索锁之于柱。它山堰之梁，其大逾抱，半没沙中，不知其长短，横枕堰址，潮过则见其脊，偃然如龙卧江沙中，数百年不朽。暴流湍激，俨然不动，有草一丛，生于其上，四时常青。刃或误伤梁，辄流水如血。耆老相传，以为龙物，亦圣物，镇堰者耶。

①梅梁，系神化筑堰工程，有梅子真即梅福从大梅山运来的大梅木，以为龙物镇堰。书中云："其上为会稽禹祠之梁，其下在它山堰。"考查东汉时袁康、吴平《越绝书》中记到故禹宗庙，在小城南门外大城内，"少康立祠于禹陵所。梁时修庙，唯欠一梁。俄风雨大至，湖中得一木，取以梁，即梅梁也。"与梅梁风雨夜或飞入鉴湖与龙斗，乃以铁索锁之于柱相异又相似，显系神话附会。1993 年修筑堰下防冲护坦时，发现有两棵根部朝上、树干倒插入水底的大树，似栲像松，一棵出露树身 13.5 米，最粗树径 0.75 米，分二叉插向下游堰身。另一棵树径 0.8 米，也是根部朝上，呈上下游方向插卧于护坦之下。据水利学者分析，这两棵大树可能出自某次洪水（樟溪洪峰可达 4 米以上），连根拔起整株冲来，沉阻于堰下，根部在上游，株体在下游，符合漂流树木被埋规律。沉阻堰下后又被沙石掩埋，后人在修筑时作为防冲护坦，加固了堰身。符合书中所说"深山绝壑极大之木，人所不能致者，皆因水涨，乘流忽至，其神矣乎！"全祖望《鲒埼亭集外编》卷十五《小江湖梅梁铭》中所说：极大之木皆因水涨乘流而至，以为冥助。然则所谓梅梁盖木不知其所自。后人从而神之，遂有若旧志所云，是乃《水经注》中诡谬习语。乃为之勒石于云涛观前，而系以铭曰：是本真龙，天吴所伏。何须画龙，玄黄相触（下略）。值得一提，正因为树根向上，与书中所记"暴流湍激，俨然不动，有草一丛，生于其上，四时常青"相吻合。

三　堨

侯既作堰，虑暴流之无所泄，遂为三堨[①]，以启闭蓄泄。涝则酾暴流以出江，旱则取淡潮以入河，平时则为河港之积。耆老谓侯自堰口浮三瓢，听其所至而立焉。由堰之东十有五里为乌金堨（俗谓上水堨）。又东三里为积渎堨（俗谓下水堨）。又东二十七里为行春堨（俗谓石堨）。此小溪镇入南城甬水门河渠也，皆随地之宜而为之。四明乌金堨久废，嘉定辛巳（公元 1221 年），岘请于朝重建。详见《郡志》及《乌金堨志》。

日月二湖

《鄞志》称城中日月二湖[②]，皆源于四明山，自它山入于南门，潴为二湖，在城西南隅。月湖中有十洲、三岛之胜。湖之支渠，缭绕城市，往往家映修渠，人酌清泚。又云：四明山之旁众山萃焉，雨盛则涧壑交会，出为漫流，无以潴之，其涸可立而待。非特民渴于饮，而河内海潮以之灌溉，田皆斥卤，耕稼废矣。唐太和中，侯乃视地高下，伐木斫石，横巨流而约之，浚二湖以受其入，溉

① 三堨，乌金、积渎、行春三堨间距已有记载，其地址循着南塘河，分别位于今洞桥、横涨、石碶地方，以后改堨为碶，碶与闸相连。北宋熙宁二年（公元 1069 年）当时在越州任知州的曾巩所撰《广德湖记》中说到“鄞人累石堙水，缺其间而扃以木，视水之小大而闭纵之，谓之碶”。碶不仅“缺其间”而且在长柱石上凿槽，以放置碶板，且与桥平行连在一起，碶在桥的外侧，人在桥上可“视水之小大而闭纵之”。这三堨，积渎堨早已堙废，为位于北渡附近的风棚碶替代，今闸门 3 孔，总净宽 12 米，旁建升船机；乌金碶，今闸门 5 孔，总净宽 17.5 米；行春碶即石碶，今闸门 4 孔，总净宽 6.2 米，均可排水入江。

② 日月二湖，日湖已湮灭，址在今海曙区东南端莲桥街一带。月湖在海曙区南，仍存，今已辟为月湖公园风景区，书中所记“西湖，即月湖也”。

田八百余顷。《新唐书·唐地理志》“鄮县”下注云：“南二里有小江湖[①]，太和中令王元暐置。小江湖即日湖也。”以此考之，人知侯置堰而已，而不知疏南城一带之河，立三堨，浚二湖，皆侯之功也。崇宁间，杨蒙为《重修它山堰记》曰：“唐人王元暐令鄞，导它山之水，筑堰江涘，约水势，贯城以入。潴为平湖，疏为长河，掬为幽沼。后人德之，爰立庙貌。”舒公信道《西湖引水记》：“西湖，即月湖也，时有旱而引它山之水入月湖，以济一城之所用。邦人喜，而公为之记也。今城中十万户，日用饮食，可不知所自乎？”

广德湖仲夏堰已废并仰它山水源

《唐地理志》载“鄮县”，其下注云：“西十二里有广德湖，溉田四百顷，贞元九年（公元793年），刺史任侗，因故迹增修。西南四十里有仲夏堰，溉田四千倾，太和六年（公元832年）刺史于季友筑。”今湖堰并废。宝庆二年（公元1226年），郡守、尚书胡榘再修。《鄞志》即载广德湖[②]兴废之由，复附言于后曰：“今岁夏初，愆阳再旬，东乡唯恃钱湖以不恐。西乡渠流已竭，舟胶不行，幸而祷雨随应。钱湖之闸未开而泽已浃，设更数日不雨，钱湖犹可资灌溉，而它山堰水，决无可救旱之理。”此盖未知它山之水，源深流长也。岘屡因亢阳，惜水之泄从，权以土石增障堰上，约鄞江之水以入溪，又浚水口淤沙，引水以入田。故水势流贯诸港，滔滔不已，使有人焉，力行障堰排沙之说，则何旱之足虑，谓其

① 小江湖，非日湖。宋时早于广德湖之前堙废，南宋《乾道四明图经》记“小江湖在鄞县南二十里”，其遗址只能按明代吏部侍郎鄞县人杨守陈“小江湖诗”作推测而已，其诗载入《宁波市志外编·诗》。

② 广德湖，废于北宋，遗址载入《宁波市志·水利卷》。

无救于旱，则误矣。或曰：广德废湖之田，中间川渠及仲夏之港，纵横流贯，岂无大雷、林村、建岙之流，何独它山？夫言水利者，不必言其流衍之时，而当言其旱涸之际。如流衍之时，何往无水，惟亢旱不及，方足恃也。大雷、林村、建岙之水，山近源浅，常时与它山合流，绝无以别，稍遇旱涸，则流必先竭。至它山之水，独供输灌，以此言之，虽谓悉仰它山之水，可也。

淘　沙

四明水陆之胜，万山深秀。昔时巨木高森，沿溪平地，竹木亦皆茂密。虽遇暴水湍急，沙土为木根盘固，流下不多，所淤亦少，开淘良易。近年以来，木植价穹，斧斤相寻，靡山不童，而平地竹木亦为之一空。大水之归，既无林木，少抑奔湍之势，又无根缆以固沙土之留，致使浮沙随流而下，淤塞溪流，至高四五丈，绵亘二三里。两岸积沙侵占，溪港皆成陆地，其上种木，有高二三丈者，由是舟楫不通，田畴失溉。人谓古来四季一浚，今既积年不浚，宜其淤塞。嘉定乙亥（公元 1215 年），旱势如焚，田苗将槁。岘，随宜为浚流障水之策。一线之脉，滔滔其来，流贯百港，随水所及，俱获沾溉。夫浚之一寸，则田获寸水之利，浚之一尺，则田获尺水之利，浚之愈深，所灌愈远，为利愈博矣。虽然，淘沙当于未旱之先，又当弃之空闲无用之地，何则？旱岁淘沙，此则救一时之急耳。是时，农夫皆自欲车注，以救就槁之苗，其势不可久役，稍或违时，苗已槁矣。宜于未旱之前，农隙之余，多其工役，假以日月，务令深广，庶几可久。天下之事，不一劳者不永逸，不暂费者不久安。若惮费畏劳，用工不深，其效亦浅。或略开沙中之港，而不去港中之沙，止可为旱岁急救旱苗之计，经一小雨则沙淤随塞。或去港沙而堆两岸，经一大雨则仍前洗入港中。如能运沙远去，江近则弃之江水之中，江远则堆之于空闲之地，庶几可久。然地皆民地，种植所资，安得空闲。宜临时相视，遇洼坎空闲处，不惮稍远，则可矣。但戒董役之人，务在公平，不得容私，独堆一处，则人心自服。如能浚深一尺或二尺，其利尤博。开浚之时，先宜壅住上流，然后从下流为始，庶得沙干，不先为水所侵，役夫易以用力。

淳祐元年辛丑岁(公元1241年)，沙淤尤甚，高出水面至四五尺。自堰港口至新安庙前，凡五百余丈，舟楫不通。岘闻于乡帅余大参天锡，见委提督浚治。役夫，人给米二升省，钱四十文足，和雇通远、光同、句章三乡人户及轮差柴、船户。各备锄担，先期约日，标识界分，令各甲管认丈尺，晨集暮放。至则记名印臂，以检人数。放则点名辨印，以给钱米。钱米才给，臂印随拭。观亲自监临，务令均平著实。顾值既优，给散以时，视其勤惰，量加赏罚，人心欢趋，且不敢慢，自十月十日甲子鸠工，至十一月二十六日讫事。是役也，助以侄湾，且令儿辈监视。及放水口奔湍而入，势如江潮。始焉堰上之水，其逾尺高，移时之间，堰水低平，尽引入港。壬寅(即次年，公元1242年)七月，以连雨水涨，港复填淤。乡帅陈大卿垲，复委岘开浚回沙闸，成，更欲去沙令深，亦委岘淘沙。

程赵二公给田收租岁充淘沙雇夫之用

【按曰】原写本及《敬止录》[1]《康熙鄞县志》《乾隆鄞县志》诸书所引皆以此十六字，杂入正文，上接“委岘淘沙”，下接“嘉定七年”，盖并沿明季雕本之误。今细核文义，嘉定七年以下，实当另为一条，而此十六字，乃其标目耳，今以意改正。

嘉定七年（公元1214年），权府提刑程公覃[2]，捐缗钱千有二百贯，置田四十亩三角二十九步，收租谷一百一十四石一斗五升，系西郭斗斛，岁充它山淘沙之用。嘉熙三年（公元1239年），岘尝以淘沙利便，乞增田亩，前政都承赵公以夫给到刘泳没官田二十九亩三角二十五步，每年收租米二十一石二斗。二公虑民之意可谓远，而惠民之德可谓厚矣。程公所置谷田，始委乡之上户，掌其租入。督以邑丞，上户不欲与闻官事，委之云涛观，观又不欲，遂归丞厅。岁旱之时，民救将槁之苗，如救气绝之命，谷既在官，临时申请，缓不及事。近者连岁旱涸，岘多自出力，雇募开淘。然私家之力终不如官。使谷在丞厅，遇旱即发，济用不浅。缘上下申请，其势未免转折，仓卒粜谷，价钱减而雇直轻，淘沙不过半日，仅如人家开掘沟渎，分开中间一线水路而已。所办仓卒，何暇深广。赵公所给米田、契书发下丞厅，租米付于云涛观，观又辞不受。然岘思之，不若府仓自行收桩，遇有旱暵，遣吏开淘。然恐细民畏惧官府不敢申请，稽留日久，无及救旱。莫若委小溪监镇，就近兼措置淘沙事，遇旱则行支请，庶免缓不及事之

①《敬止录》系明末鄞县人高宇泰所纂的一种志书。清徐时栋得其残本改编，未刻。今所传为民国时冯贞群抄本（残本）的影印本。

② 程覃，湖州人，嘉定六年二月知明州军州事，简称知府。

患。夫旱暵之时，官府祈祷，遍于名山大川，靡神不举，靡爱斯牲，犹有弗应。如能于勿雨之际，用工深浚沙港，并浚南门沿河高仰之处，自然水应可供车注，关集乡社各开近地河港，家出一老人，各两日轮雇，处处开掘，以接它山之水，则处处有水矣。祷且未必即应，浚沙其效可必。所贵官民，各勿惮烦。当旱干时，人心欲水，恨无可浚，纵无雇值，人亦乐趋。如谷米宽余，给之固善。所虑诸乡各浚近地，役徒之众，不可遍给耳。程公所给谷田，当申朝廷照会，永充它山淘沙之用。赵公所给米田，亦宜如程公田，申朝省照会。

防　沙

它山一境，其地皆沙。内水之咽既窄，引水之港复狭，以致流沙易于壅塞。沙之入港，凡有三焉。七八月之间，山水暴涨，极目如海，平地之上，水深丈余，湍急迅疾，西岸之沙，径从平地横戛入港，须臾淤满，一也。或遇积潦，虽不没岸，而溪亦湍急，沙随急流，迤逦入港，日引月长，不觉淤塞，二也。自港口至马家营一带，两岸之沙，或因霖雨冲洗，或因两岸塌损，或因木植冲击，积久不已，亦能填淤，三也。欲障平地之沙，宜于西岸去港一二里，量买地段，南自港口，北自山下，以属于溪。北去港远，南去港近，带斜筑叠堤，以粗石阔为基址，高七八尺。外植榉柳之属，令其根盘错据，岁久沙积，林木茂盛，其堤愈固，必成高岸，可以永久。欲障积潦湍流入港之沙，宜就吴家桥南港狭去处，立为石闸，中顿闸板五六片，略与岸平。水轻在上，沙重在下，水从板上不妨自流，沙遇闸板碍住不行。沙之所淤，不过闸外三四十丈，淘去良易。板之为限，以水为则，水涨则下，水平则去，启闭以时，不病舟楫。欲障两岸之沙，宜于两岸钉松桩，用粗石砌叠博（驳）岸，覆以石板，如城南塘路，庶免水洗岸沙木植，冲击坍损之患。然置闸砌岸，可以防平常积雨，港内之沙。或遇大水，径自西岸拥沙而来，非二者所能御。石堤之护，此策之上者也。姑从三说以俟来者。

前后修堰

耆老相传，谓堰先贤灵迹，功与神侔，不可妄加增损， 后人有增损者，辄有祸罚。南渡之后，里之富民周四耆者，谓堰稍低，惜水之泄，遂于堰上加石板，厚七八寸，比侯原石长减二尺。前叙规模制作言为片八十有半者，即周耆石也。堰之原脊在周耆石下，不可复数。周耆未几家废人亡，遂谓增堰得祸。故视堰如神物，不敢措议修筑。为是说者，果先贤意耶？先贤之意，惟民利是视而已。堰非天造，亦人为耳，宁无成坏？苟有能嗣而葺之，以寿此堰于无穷，宁非先贤所望于来者哉！周耆之前，修筑者亦不一。群志称国朝建隆间，康宪钱公亿[①]，跪请于神，增筑全固。崇宁间，杨蒙[②]重修堰。《志》云：“岁久川淤，堤垫堰堕，人各自私，岐分派引，旱涸如初。先是监船场宣德郎唐意窒其岐派，培其堰堤。”……《郡志》亦言，以土次第增筑，佥幕承议郎张君必强，复增卑以高，易土为石，冶铁而固之，肩舆而往，操舟而还，人叹神速。又魏行己[③]《增修它山堰记》云：“绍兴丙寅，农事举趾，而它山之堰缘，风飓忽起，潮汐冲突，川淤堤垫，堰埭堕圮。太

---

① 康宪钱公亿，钱亿，临安人。宋建隆元年知明州军州事。

② 杨蒙，钱塘人，承议郎，崇宁二年撰《重修它山堰引水记》。

③ 魏行己，宋绍兴年间为鄞县县丞。

守秦公[1]委督官吏，补土石之罅漏，塞梁坍之颓穴，易土冶铁而固之。旬日之间，厥功告成。以此考之，周耆之前，堰盖屡修矣。谓堰不可修筑者，果神意耶？然唐意以其土次第而筑之。或者从权救旱之策，未必可以经久。盖它山之流，湍激迅疾，非垒石冶铁以障以固，则日久冲洗，安能久而不坏哉！意之策，用于救旱之时明矣。后人之欲议修筑者，幸无泥增土之说。夫山岳岩崖，元气所结，犹有崩裂。物久则坏，此其常理，坏而复修，乃得全固耳，神宁恶之耶？[2]然非果损，则断不可轻动，今但在夫保护之俾勿坏，则神人之所共愿也。

护　堤

浚沙若无与于堰，其实关系于堰者，利害不细。沙港淤塞之时，舟楫不通，竹木薪炭，其价倍贵。贩鬻者装载过堰，竹木排筏，越堰而下，猛势冲击，声震溪谷，堰身中空，不胜负重。城门马力，追蠡历年，初虽不觉，久必大损，辛丑岁因此堰石颇有损动，前后府榜，非不禁约，人取其便，不顾利害，虽禁莫止。此堰若损，溪水酾泄，咸卤冲入，田不可稼，民失粒食，官失租赋。况此堰灵迹圣异，殆有鬼力神功，万一损坏，宁后人所能遽行营设。即使可办，不知当用几工几金，经涉几日，然后可成。公私同一利害，愿共宝护之。

① 太守秦公，指绍兴十五年正月知明州军州事的秦棣。

②魏岘反对视堰如神物，动则得祸，因而不敢修筑的观点，一一列举在周耆增堰之前，修筑者的年代及姓氏，有宋建隆间的钱亿，崇宁间的杨蒙、唐意、张必强，绍兴间的秦棣，遂得出结论，有损坏应修，无损坏则不可轻动，重在保护。

开水口

堰上水口狭甚，溪流入港者鲜，而入江者多，水口有石幢为界。外为官港，内为蒋宅之地，约一二亩，若买此以展水口，庶几内水稍洪。

古小溪港

许家桥东，有地名童家庙，北有古沟，势与港接，今为沙所塞，而污沥尚在。耆老相传，此正小溪也。溪溉建岙，田数百顷，每因洪水所经，最易淤塞。岘尝提督开浚，以通它山之水，今后不可令其淤塞。

【按曰】自溪溉建岙田以下三十八字，《至正志》引及《敬止录》引并作溪通建岙，旧尝开浚以通它山之水，今沙淤塞，或谓可以再浚。《康熙志》引亦同，惟今沙淤塞二句，作今可以浚其淤塞以复古迹。《鲒埼亭集外编》引亦与《至正志》同，惟“溪通”，作“直逼以通”，作“以引”，而无“今沙淤塞”四字。以上诸书皆与今本大异，竟不解其何故，今本文义顺适无误字，不敢因他书征引遽便删改，而诸书殊途合轨又必非无据，故特附注本条。俟博雅君子审定之。

又按今本，溪溉建岙田至最易淤塞十八字，盖耆老口中语言，古时小溪如此不然，焉有仅存淤沥之港，一经开浚，即可溉田数百顷者。

洪水湾

去堰半里余，沙港之南，地名“古城”，有小港，南属于江，今为沙所壅。耆老相传，谓旧尝于此置堨，近缘屡经洪水，江流冲入，渐与港通，恐日后为江水冲开，溪流顿汇，宜筑堤岸。

北山下古港

它山堰上，大溪之北，绵延皆山。山下有古港，西自钟家潭大溪分派而来，延袤二三百丈，未至沙港百余丈，其流中断，水稍长，则越过平地径入沙港，近下石道头，水平则止。水之所道，迤逦低洼，港沥分明。古老相传云：侯之造堰，先作坝截溪水，令干，然后用工。故自钟家潭引大溪之水，循山而东，属于沙港。堰成去坝，遂为二派：一派径从堰上入大江，一派则钟家潭之港也。今虽断流，港沥俨然，若能开浚此港，径取大溪之水，东入沙港，一则水势径顺，入溪必多；二则洪水泛涨之时，水与湍沙顺流俱东，不被横戛入港。姑存所闻，以俟来者。

水喉　食喉　气喉

岘考《郡志》所载，引水于州北，凿两池[①]，以停之，淫潦泛溢，则城之东北隅，有二堨以泄于江，目之曰食喉、气喉。注云：水自离入，不有二堨以泄之，岁旱则有灾。绍定元年，守胡榘闻

① 三喉，参阅清巡道陈中孚《浚复城河三喉记》，刊入《宁波市志 外编·碑记选》谓“自唐刺史黄公晟，穿城为水道以通江，至宋有水喉、食喉、气喉之名”。据明高宇泰《敬止录》所载“始确知经东渡门南首，穴大城，穿瓮城，东出者为水喉”，原“误以灵桥门内水沟当之”。

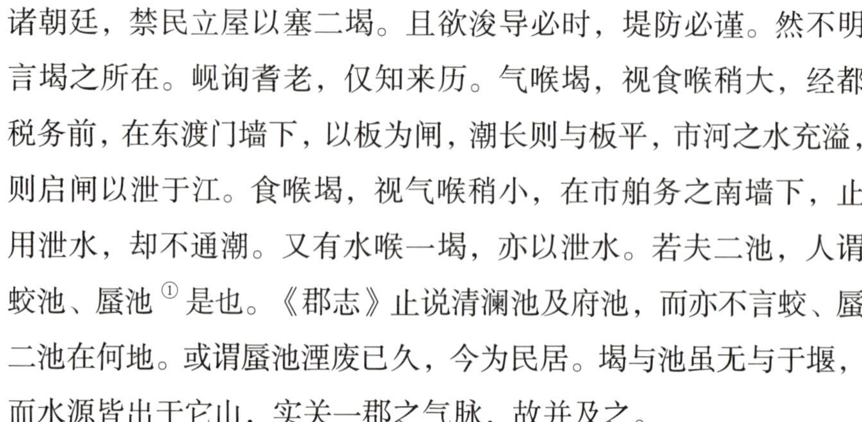
诸朝廷，禁民立屋以塞二堨。且欲浚导必时，堤防必谨。然不明言堨之所在。岘询耆老，仅知来历。气喉堨，视食喉稍大，经都税务前，在东渡门墙下，以板为闸，潮长则与板平，市河之水充溢，则启闸以泄于江。食喉堨，视气喉稍小，在市舶务之南墙下，止用泄水，却不通潮。又有水喉一堨，亦以泄水。若夫二池，人谓蛟池、蜃池[1]是也。《郡志》止说清澜池及府池，而亦不言蛟、蜃二池在何地。或谓蜃池湮废已久，今为民居。堨与池虽无与于堰，而水源皆出于它山，实关一郡之气脉，故并及之。

积年沙淤处

马家营西至孙家桥，五十二丈六尺，孙家桥至许家桥七十丈。许家桥西至潘知府宫前，一百丈。潘知府宫前西至万家道头，九十丈。万家道头南至吴家桥，一百五十四丈八尺，吴家桥南至它山堰口，四十七丈。

王侯名爵　侯封庙额

侯姓王，讳元暐，琅琊人也（见苏为《记》）。唐太和七年，以朝议郎行鄮令、上柱国。筑它山堰，浚小江湖，民德之，立祠堰旁，爵曰侯，谥善政（见《鄞志》），而不言何代所封。乾道四年（公元 1168 年），邑人朱世弥等请赐庙额，增封爵。省牒云："奏内称在唐已封善政侯，历年既久，原封文字不存，难以于侯爵上加

① 蛟、蜃二池，清学者全祖望《重修蛟蜃二池议》（载《鲒埼亭集外编》）中说：蛟池与蜃池本二。予考蛟池址在佽飞祠中，蜃池址在报德观中。《宝庆四明志》云，城中既有双湖，又凿此池潴水备旱。而自元时已为民居所湮，迄今未有闻之者。所以当时全祖望建议重修，未果行。

封。兼本朝以来，未曾封赐庙额，敕宜赐‘遗德庙’。”宝庆三年，邑人复有请，时里人王公塈在朝，实主盟其事，亦以原封文字不存，仍封善政侯，庙额“遗德”。[①]《鄞志》县令题名云：“府学有请立文宣王，册文牒碑，具载年月姓名。”《唐书·地理志》云：开元中，令又以“晦”为“纬”，俱不同。岂《唐史》有永承之误耶？

造堰协谋之人

堰之造也，采公阇黎实佐经营。今有祠像在侯之左（今俗称悬慈法师）。

宪帅程公初置淘沙谷田设厅石刻节文

它山水灌溉鄞县管下七乡民田。每年沙涨，四季合用淘沙、开淤和雇人夫，一岁当一百千。本府措置，今支一千二百贯文官会，委鄞县丞、同乡官朱中颖将仕等置到田四十亩三角二十九步半，上白粳谷一百十四石一斗五升，每季系乡官收支掌管。开淤仍委鄞县提督。已申奏朝廷，从申札下。嘉定八年（公元 1215 年）六月日[②]，朝散大夫直宝谟阁两浙东路提点刑狱公事兼知庆元府沿海制置司公事程覃记。

赵都丞淘沙米田牒魏都大

照应据白札子条具，它山水利便宜事件数内一项，乞浚河淘

① 它山庙加封敕牒两篇，载入《宁波市志外编·碑记选》。关于纪念王元暐祠庙，在鄞县昔有 21 处，其中建于堰旁的唐它山庙（遗德庙）1 处、五代建 1 处、宋建 2 处、元建 5 处、明建 3 处、清建 7 处，年代不详 2 处。

② 原文即如此。

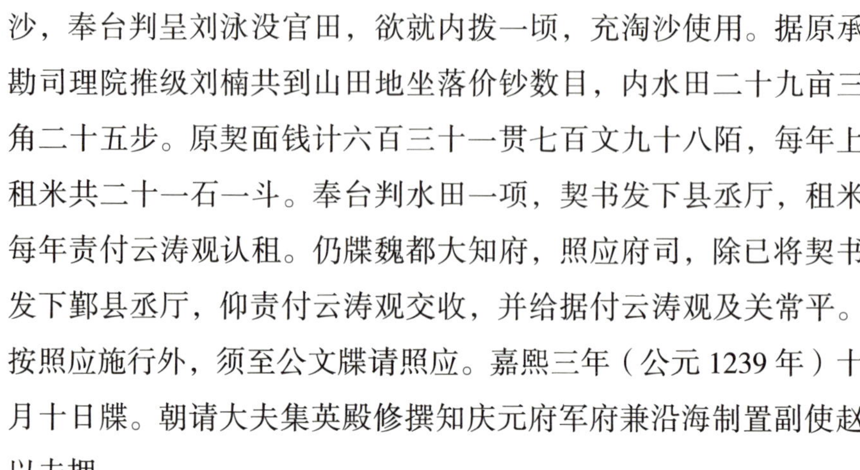

沙，奉台判呈刘泳没官田，欲就内拨一顷，充淘沙使用。据原承勘司理院推级刘楠共到山田地坐落价钞数目，内水田二十九亩三角二十五步。原契面钱计六百三十一贯七百文九十八陌，每年上租米共二十一石一斗。奉台判水田一项，契书发下县丞厅，租米每年责付云涛观认租。仍牒魏都大知府，照应府司，除已将契书发下鄞县丞厅，仰责付云涛观交收，并给据付云涛观及关常平。按照应施行外，须至公文牒请照应。嘉熙三年（公元1239年）十月十日牒。朝请大夫集英殿修撰知庆元府军府兼沿海制置副使赵以夫押。

淳祐元年十月余参政[1]委淘沙

本月初十日兴工，至二十六日毕。自马家营至堰上水口共五百十三丈，为工四千。每工支官会五百文、米二升半省。官会计二千五百贯文十七界（内二百贯文代乡民醮愿）、米一百石（监董等人日食在内）。本月十三日兴工，至二十日毕，为工一千，每工支官会一贯五百文，不支米钱，计一百二十贯文足。十月，回沙闸成，陈大卿[2]再委淘沙。本月二十四日兴工，至十一月初八日毕，为工一千九百三十二工，每工支官会一贯五百文，不支米。官会计四千九百五十一贯二百文十七界。

建回沙闸

淳祐二年八月内，陈大卿委提督建造，始九月初八日，至

① 余参政，即余天锡，昌国人，嘉熙四年十二月知明州军州事，后官至参知政事。

② 陈大卿，即陈垲，长乐人，淳祐元年十月知明州军州事。

十一月七日毕。同提督制干林元晋[①]，正奏名安刘闸，三眼，长三丈九尺，高一丈零五寸，中一眼阔一丈二尺八寸，两旁各阔一丈一尺，柱位四尺。东臂石岸八丈，石锤十五层。西臂石岸一十八丈，石锤十五层。石匠工钱，每工支官会二贯八百文，米二升二合，计工钱二千九百三贯二百文十七界。杂夫，每工支官会一贯五百文，计工钱四千四十九贯五百文十七界。砌粗石，每工支官会二贯三百文，计工钱一百二十九贯一百文十七界。买石及松桩、石工、杂夫，官会共计二万六百二十贯七十一文十七界。

看守回沙闸人

中一间闸板七片：许廿四、许亚六。

东一间闸板七片：许十二、许十五、许三十七。

西一间闸板七片：许阿二、许阿三、许阿四。

看管闸人每月共支米一石，府历赴仓清领均分。

回沙闸外淘沙

淳祐三年（公元1243年）七月初十日、八月二十日两次大风水，湍沙遇闸即止。但闸外淤沙约五十余丈，并里河王家水沥岸旁之沙坍，洗入港者三十余丈。帅黄大卿壮猷，委岘开淘，始于九月初二日，至初八日毕，为工九百八十，钱共计一百三十四贯四百文，杂支在内。

① 林元晋，从事郎，特差沿海制置使司干办公事。

洪水湾筑堤

淳祐三年秋，连经大风水，冲坏江堤，溪流走泄。岘闻于府黄大卿[①]，并委筑治。始于八月二十八日，至九月初七日毕。堤高二丈，阔一丈二尺，长一十二丈。为工三百七十二，为钱共计八十七贯二百九十文足。

请加封善政侯申府列衔状

右岘等居处海滨，涵濡圣泽，属当涝岁，转为丰年。神有显功，理难自嘿。窃见本府鄞县事，以一郡饮食、七乡灌溉，皆仰它山之水外，此别无水源，而咸潮混杂，大为民病，兼水大则涌入于河，水少则多泄于江。建置一堰，民到于今享其利，血食滋久，灵著如初。曰雨曰旸，有祷必应。一郡七乡之民恃为司命。今岁秋初，淫雨不止，稼穑几坏于垂成。乡人老稚群祷祠下片云阁，雨霁日开明，屡祷屡孚，其答如应。今岁一饱，厥有由来。缘神在于唐朝，已封善政侯。本朝乾道四年（公元 1168 年），邦人有请，准省札，仍封善政侯，赐“遗德”庙额。兹者恭睹明堂敕，应诸路保神祠祷祈应验者，并与加封。今来善政侯有此莫大之功，灵著之迹所合敷陈。况使府近创回沙一闸，为民兴利，迎续神休。谨录白封告、庙额、敕牒在前，且状申，伏望台判备申朝省，乞与峻加美号，以答神贶。岘等下情不胜真切之祷。谨状。

① 黄壮猷，淳祐三年二月知明州军州事。

设 醮

绍熙五年（公元 1194 年），因旱，府帖小溪镇祈雨。乡民因许师巫，乐龙大三牲神愿，小溪监镇蒋修职子泳立疏，宝庆二年（公元 1226 年）夏旱，师巫尝敛乡民钱物欲偿前愿，又以人情牵制，竟成迤逦。近年沙淤日甚，或谓神愿未偿所致。辛丑冬，淘沙，因禀乡帅，余参政给楮卷五百千，代民偿愿。缘三牲用费不资，兼不欲扰民。又云涛观有三清阁之严净，又有东岳行宫之威灵，亦不敢用牲牢。然未关于神，不敢轻改众议，殊未有处。岘恐成因循，遂作三阄：其一，命道士改作三界清醮一百二十分，以答龙神，并施斛以享堰神；其二，命师巫作三界清醮；其三，用小牲牢三界。卜于龙王及善政侯，得第一阄。岘即以其事白之陈帅，再得官券三百千，助成醮事。时雨雪连绵，奏词之日，阴云解驳，日光穿漏，自是晴霁，邦民感悦，皆以为精诚所格。

【卷上刊误】

［淘沙］人谓古来四季一浚。《康熙志》引此作“古来四季一浚，有官钱官米役夫之制”。《乾隆志》引作“旧时有官钱、官米、役夫疏浚之制”。按《乾隆志》不引“古来四季一浚”句，故增加“旧时”“疏浚”四字，然则此本“浚”字下，当脱“有官钱、官米、役夫之制”九字。

［前后修堰］“易土冶铁而固之”按下卷魏行己《记》“土”字下有“以石”二字，是也此脱。

［余参政委淘沙］“十月回沙闸成”原本十一月，“一”字误刻在再委魏淘沙之下。“三十二工”守山阁本无“工”字。

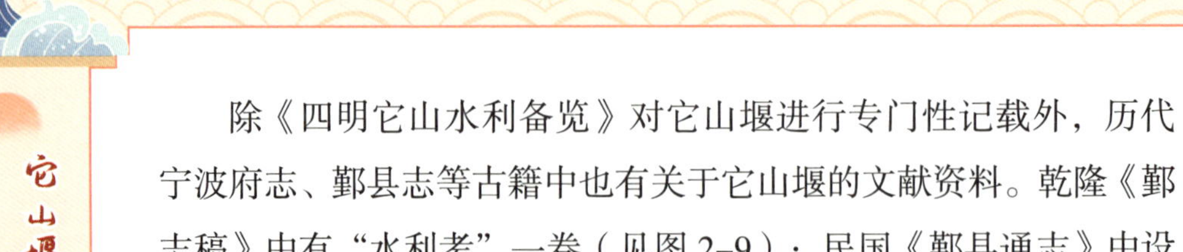

除《四明它山水利备览》对它山堰进行专门性记载外，历代宁波府志、鄞县志等古籍中也有关于它山堰的文献资料。乾隆《鄞志稿》中有“水利考”一卷（见图 2-9）；民国《鄞县通志》中设有工程志，对它山堰工程都有记载（见图 2-10）。

鄞志稿

四明張氏約園開雕

鄞志稿卷二十

甬上蔣學鏞聲始撰

水利考

太史公著河渠書班氏改爲溝洫志後人議之爲其名存而實非也蓋阡陌既開溝洫久廢今世水利所恃惟川賢守令之留心民瘼者往往相度高下爲之置隄置閘而民始不苦旱潦恃久而不治即崩圮隨之或僅存而不能謹啟閉之司則通邑立受其病夫以前人創造之鉅利而後之守土者不知因仍亘可憫歎歲月既久故蹟且就湮沒一二耆舊之士旁搜博考記其始末爲將來修復之地然其書苦不能遍傳當郡邑修誌率委之冗闒之徒專據舊乘剽掇大略諸所訛闕不一考補繼此雖值賢守令欲復其故而文獻脫落茫然無可措手夫以前人纂錄之苦心而後之秉筆者又不知收拾其可惆歎殆有甚焉吾鄉水利日已廢塞幸里中先正之書猶有存者如魏提舉峴之它山水利備覽黃僉事潤玉之水利纂載侍御甦之甬上水利考袁大令州佐之存湖錄以及萬徵君斯同全吉士祖望並有論著言之

鄞志稿 水利考 一 四明張氏約園刊本

图 2-9 乾隆《鄞志稿》封面及“水利考”书影

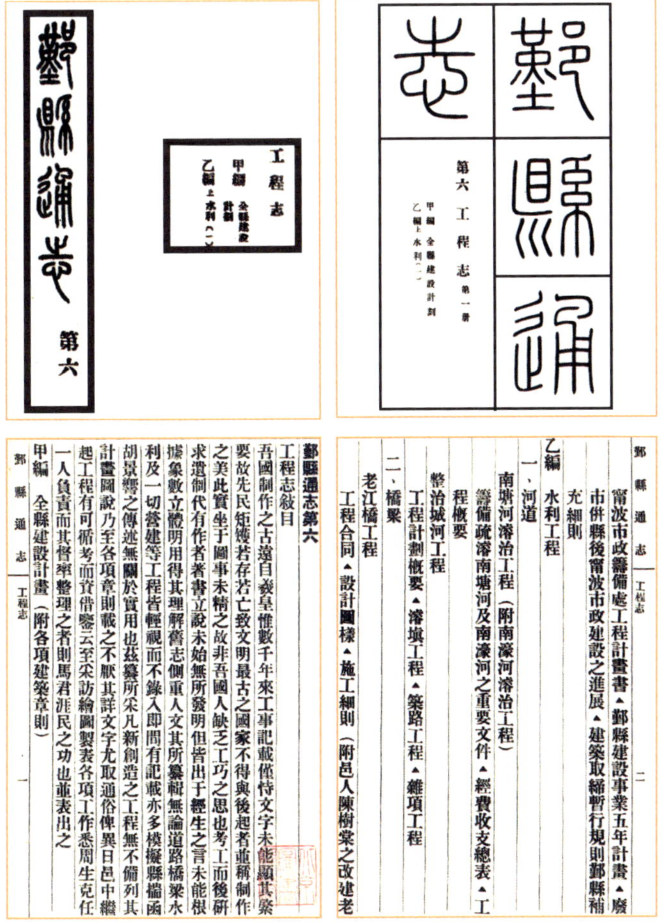
鄞縣通志 第六

工程志
甲編 全縣建設計劃
乙編上 水利（一）

鄞縣通志

第六 工程志 第一冊
甲編 全縣建設計劃
乙編上 水利（一）

鄞縣通志第六

工程志敘目

吾國制作之古遠自羲皇惟數千年來工事記載僅恃文字未能顯其槩要故先民矩矱若存若亡致文明最古之國家不得與後起者並稱制作之美此實坐于圖事未精之故非吾國人缺乏工巧之思也考工而後研求遺制代有作者著書立說未始無所發明但皆出于經生之言未能根據象數立體明用得其理解舊志側重人文其所纂輯無論道路橋梁水利及一切營建等工程皆輕視而不錄入即間有記載亦多模擬縣檔函胡景響之傳述無關於實用也茲纂所采凡新創造之工程無不備列其計畫圖說乃至各項章則載之不厭其詳文字尤取通俗俾異日邑中繼起工程有可循考而資借鑒云至采訪繪圖製表各項工作悉周生克任一人負責而其督率整理之者則馬君涯民之功也並表出之

甲編 全縣建設計畫（附各項建築章則）

鄞縣通志 工程志 一

甯波市政籌備處工程計畫書▲鄞縣建設事業五年計畫▲廢市併縣後甯波市政建設之進展▲建築取締暫行規則鄞縣補充細則

乙編 水利工程

一、河道

南塘河濬治工程（附南濠河濬治工程）

籌備疏濬南塘河及南濠河之重要文件▲經費收支總表▲工程概要

整治城河工程

工程計劃概要▲濬填工程▲築路工程▲雜項工程

二、橋梁

老江橋工程

工程合同▲設計圖樣▲施工細則（附邑人陳樹棠之改建老

鄞縣通志 工程志 二

图 2–10 民国《鄞县通志》封面及“工程志”书影

2. 现代方志

现代方志，《宁波市志》《鄞县志》等地方通志以及《宁波市水利志》《鄞县水利志》《鄞州水利志》等水利专志著作中，都有关于它山堰的记载，甚至设专章阐述。如《鄞州水利志》第五编“工程建设”中，第十二章为“它山堰”，从置堰、修浚、

配套、功能四个方面对它山堰进行了记述，并附录、附考文章四篇（见图 2–11）。

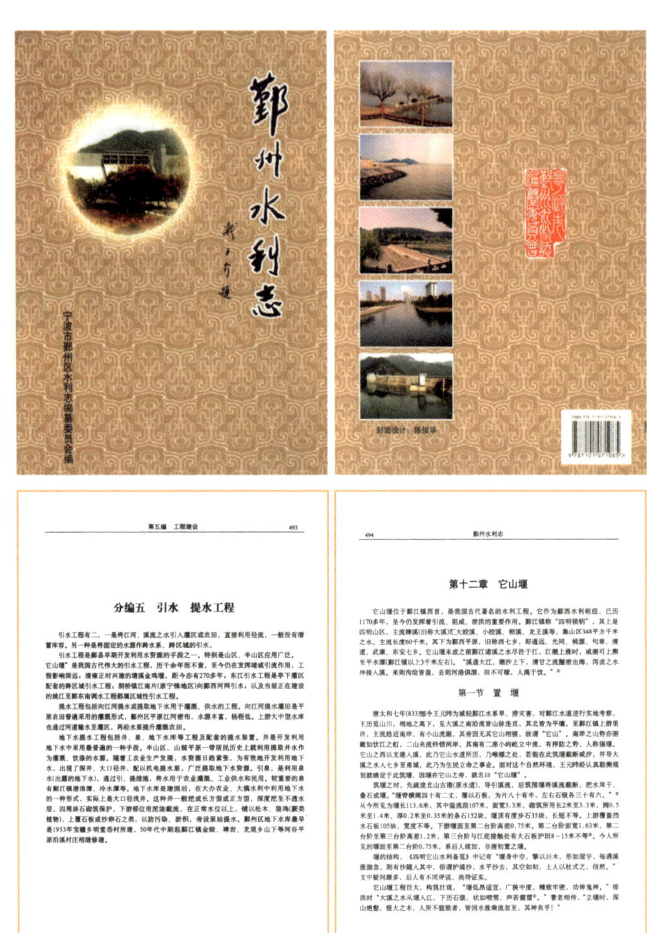

第五编　工程建设　493

分编五　引水　提水工程

引水工程有二，一是将江河、溪流之水引入灌区或农田，直接利用径流，一般没有滞蓄库容。另一种是将固定的水源作跨水系、跨区域的引水。

引水工程是鄞县早期开发利用水资源的手段之一，特别是山区、半山区应用广泛。它山堰"是我国古代伟大的引水工程，历千余年而不衰，至今仍在发挥堵咸引流作用，工程影响深远；清雍正时兴建的塘溪金鸡堰，距今亦有270多年；东江引水工程是亭下灌区配套的跨区域引水工程，洞桥镇江南片(原宁锋地区)向鄞西河网引水，以及当前正在建设的姚江至鄞东南调水工程都属区域性引水工程。

提水工程包括向江河提水或提取地下水用于灌溉、供水的工程。向江河提水灌田是平原农田普遍采用的灌溉形式，鄞州区平原江河密布，水源丰富，扬程低。上游大中型水库也通过河道输水至灌区，再经水泵提升灌溉农田。

地下水提水工程包括井、泉、地下水库等工程及配套的提水装置。井是开发利用地下水中采用最普遍的一种手段，半山区、山前平原一带居民历史上就利用提取井水作为灌溉、饮涤的水源。随着工农业生产发展，水资源日趋紧张，为有效地开发利用地下水，出现了深井、大口径井，配以机电提水泵，广泛提取地下水资源。引泉，是利用泉水(出露的地下水)，通过引、提措施，将水用于农业灌溉、工业供水和民用。较重要的泉有鄞江镇澄浪潭、冷水潭等。地下水库是建国后，在大办农业、大搞水利中利用地下水的一种形式，实际上是大口径浅井，这种井一般挖成长方型或正方型，深度挖至不透水层，四周块石砌筑保护，下游部位用泥烧截流，在正常水位以上，铺以松木、狼鸡(蕨类植物)，上覆石板或沙卵石之类，以防污染、淤积，旁设泵站提水。鄞州区地下水库最早是1953年宝幢乡明堂岙村所建，50年代中期起鄞江镇金陆、樟岩、龙观乡山下等河谷平原沿溪村庄相继修建。

494　鄞州水利志

第十二章　它山堰

它山堰位于鄞江镇西首，是我国古代著名的水利工程。它作为鄞西水利枢纽，已历1170多年，至今仍发挥着引流、阻咸、泄洪的重要作用。鄞江镇称"四明锁钥"，其上是四明山区，主流樟溪(旧称大溪)汇大皎溪、小皎溪、栖溪、龙王溪等，集山区348平方千米之水，主流长度60千米。其下为鄞西平原，旧称西七乡，即通远、光同、桃源、句章、清道、武康、东安七乡。它山堰未成之前鄞江诸溪之水尽注于江，江潮上涨时，咸潮可上溯至平水潭(鄞江镇以上3千米左右)。"溪通大江，潮汐上下，清甘之流酾泄出海，泻卤之水冲接入溪。来则沟浍皆盈，去则河港俱涸，田不可稼，人渴于饮。"[1]

第一节　置　堰

唐太和七年(833)鄮令王元暐为减轻鄞江水系旱、涝灾害，对鄞江水道进行实地考察，王历览山川，相地之高下，见大溪之南沿流皆山脉连亘，其北皆为平壤，至鄞江镇上游里许，主流趋近南岸，有小山虎踞，其旁因无其它山相接，故谓"它山"，南岸之山势亦俯瞰如饮江之虹，二山夹流钤锁两岸，其南有二座小屿屹立中流，有捍防之势，人称强堰。它山之西以支港入溪，此乃它山水道所历，乃喉襟之处，若能在此筑堰截断咸汐，并导大溪之水入七乡至甬城，此乃为生民立命之事业。面对这个自然环境，王元暐经认真勘测规划就确定于此筑堰，因堰在它山之旁，就名曰"它山堰"。

筑堰之时，先疏浚北山古港(原水道)，导引溪流，后筑围堰将溪流截断，把水库干，叠石成堰。"堰脊横阔四十有二丈，覆以石板，为片八十有半，左右石级各三十有六。"[2]从今所见为堰长113.6米，其中溢流段107米，面宽3.3米，砌筑所用长2米至3.3米，阔0.5米至1.4米、厚0.2米至0.35米的条石152块。堰顶有度步石35块，长短不等。上游覆盖挡水石板105块，宽度不等。下游堰面至第二台阶高差0.75米，第二台阶面宽1.63米，第二台阶至第三台阶高差1.2米，第三台阶与江底接触处有大石板护坦8－15米不等[3]。今人所见的堰面至第二台阶0.75米，系后人续加，非唐初置之堰。

堰的结构，《四明它山水利备览》中记有"堰身中空，擎以巨木，形如屋宇，每遇溪涨湍急，则有沙随入其中，俗谓护堤沙，水平沙去，其空如初，土人以杖式之，信然。"文中疑问颇多，后人有不同评说，尚待证实。

它山堰工程巨大，构筑壮观，"堰低昂适宜，广狭中度，精致牢密，功侔鬼神。"排洪时"大溪之水从堰入江，下历石级，状如喷雪，声若震雷[4]。"耆老相传，"立堰时，深山绝壑，极大之木，人所不能致者，皆因水涨乘流忽至，其神矣乎！"

图 2–11　《鄞州水利志》封面及记述它山堰的书影

二、碑刻

1.《重修它山堰引水记》（宋・杨蒙）

四明泽国也，大湖漫其西南，大江带其东北，然七、八月之交，十日不雨，则舟胶于民病暍矣。盖湖独用以溉旁湖之田。江又潮汐上下，卤恶而不适用。唐人王元玮令鄞，始导它山之水，作堰江溪，约水势贯城以入，潴为平湖，疏为长河，掬为幽沼，后人德之，爰立庙貌，丐请封爵，侯曰善政，世世祀之。岁久川淤，堤垫堰堕，人各自私，岐分派引，旱涸如初。先是监船场宣德郎唐意，往窒其岐派，培其堰堤，水虽暂至，二年复涸，议者谓不可复修矣！签幕承议郎张君，适莅其事，白于州，率邑大夫宣议郎龚君，询其父老，相其利害，增卑以高，易土以石，冶铁而固之，俾潦不至淫，旱不至涸，肩舆而往，操舟而还，邦人聚观，叹瞻神速。承议君讳必强，明人也，盖古所谓不敢欺者。宣议君讳行修，循政勤民，盖古所谓不忍欺者。二君相济，公私不扰，而厥功告成。实崇宁二年七月二十七日承议郎钱塘杨蒙为之记，其词曰：有唐太和，王侯始基，粤岁数百，民食其利，二君嗣功，既固既崇，又将永永而无穷。汤汤其流，泛泛其舟，以溉以濯，以酌以游，于以著二君之休。

2.《重修善政侯祠堂记》（宋·苏为）

祭法：德施于人则祭之，能御大灾，能捍大患则祭之。是知声垂于简编，德馨享于庙者，岂徒然哉。善政侯琅琊王公，讳元玮，册封之典，《图志》载之备矣。按有唐太和中，出佩铜章，字人海微，时属承宽之后，躬行阜俗之化，以勤俭诫游堕，以诚悫崇孝慈。贪夫敛手于袖间，暴客屏迹于境外，能使婚嫁有序，茕独有依。他民愁叹，我则民谐乎宴乐，他民凋弊，我则民丰乎衣食，《诗》所谓“岂弟君子，民之父母”者欤？先是厥土连江，厥田宜稻，每风涛作，或水旱成灾，不若采石于山，为堤为防，回流于川以灌以溉。通乎润下之泽，建乎不拔之基，能于岁时大获民利。故自它山堰溉良田者凡数千顷，得非谓德施于人乎，能御大灾乎？

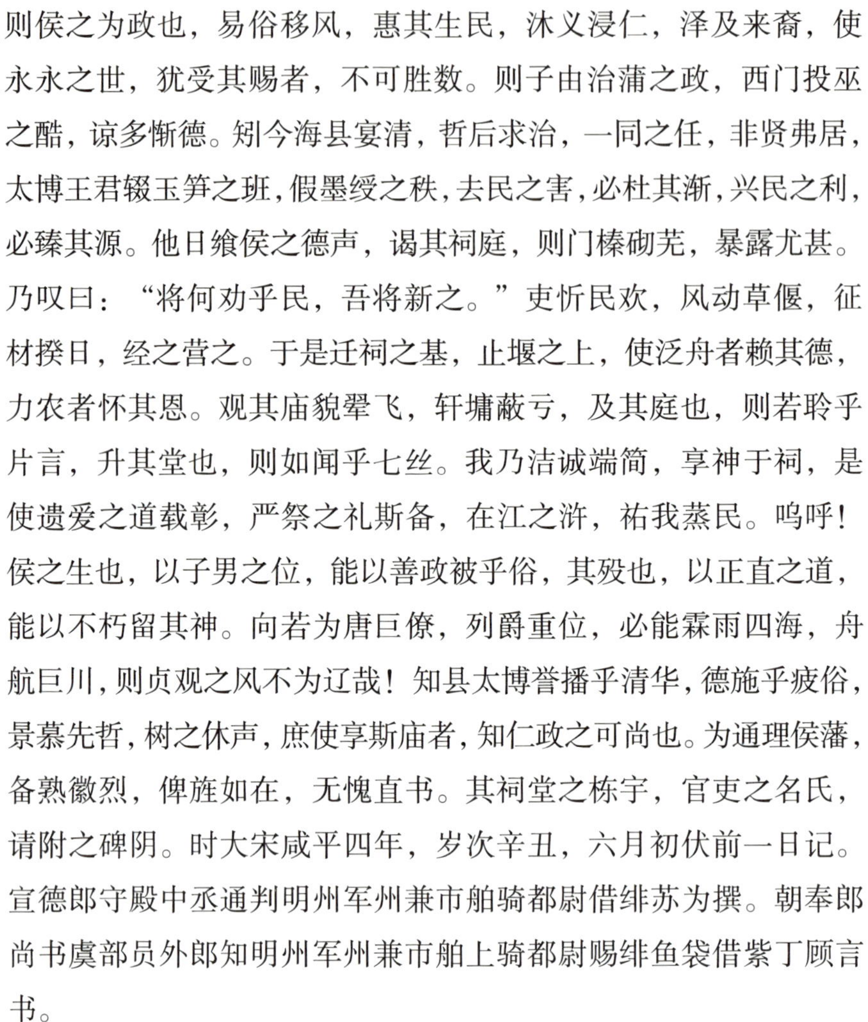

则侯之为政也，易俗移风，惠其生民，沐义浸仁，泽及来裔，使永永之世，犹受其赐者，不可胜数。则子由治蒲之政，西门投巫之酷，谅多惭德。矧今海县宴清，哲后求治，一同之任，非贤弗居，太博王君辍玉笋之班，假墨绶之秩，去民之害，必杜其渐，兴民之利，必臻其源。他日飨侯之德声，谒其祠庭，则门榛砌芜，暴露尤甚。乃叹曰：“将何劝乎民，吾将新之。”吏忻民欢，风动草偃，征材揆日，经之营之。于是迁祠之基，止堰之上，使泛舟者赖其德，力农者怀其恩。观其庙貌翚飞，轩墉蔽亏，及其庭也，则若聆乎片言，升其堂也，则如闻乎七丝。我乃洁诚端简，享神于祠，是使遗爱之道载彰，严祭之礼斯备，在江之浒，祐我蒸民。呜呼！侯之生也，以子男之位，能以善政被乎俗，其殁也，以正直之道，能以不朽留其神。向若为唐巨僚，列爵重位，必能霖雨四海，舟航巨川，则贞观之风不为辽哉！知县太博誉播乎清华，德施乎疲俗，景慕先哲，树之休声，庶使享斯庙者，知仁政之可尚也。为通理侯藩，备熟徽烈，俾旌如在，无愧直书。其祠堂之栋宇，官吏之名氏，请附之碑阴。时大宋咸平四年，岁次辛丑，六月初伏前一日记。宣德郎守殿中丞通判明州军州兼市舶骑都尉借绯苏为撰。朝奉郎尚书虞部员外郎知明州军州兼市舶上骑都尉赐绯鱼袋借紫丁顾言书。

3.《西湖引水记》（宋·舒亶）

按州《图经》鄞县南二（十）里有小湖。唐贞观中令王君照（所）修也。盖今俗俚所谓“细湖头”者，乃其故处焉。湖废久矣，独其西隅尚存，今所谓西湖是也。明之为州，濒海枕江，水难蓄而善泄，岁小旱则池井皆竭。而是湖所以南引它山之水，为旱岁备。熙宁乙卯岁，大旱，湖涸。建中靖国改元之夏秋，不雨，湖又涸。

民渴甚，至穴洼下，滤秽滓以饮，而国家将有事于郊丘，上供之舟复阸不得进。公私交病，上下狼藉，漫不知所为策者。州于是以其事属监船场宣德郎唐君。君即由南门道河上，凡八十有五里，抵所谓它山堰者，踌躇相视，遂尽得其利病。盖所谓它山者，四明之众山萃焉。一山作雨，则涧壑交会，出为漫流。方岁小旱，众山未必皆不雨，而溪流未必绝也。特河势中洼，循两堤率支渠酾泄以去，以故不得行，盖非特天时之罪也。君既得其所以为利病，审不疑矣。乃属民尽堙诸渠口，而稍浚上源，因以其土窒补堰隙。复累石于上，以遏入江之羡流，于是水稍引以北顾，独距城十数里，河赤地裂深尺余。凡邦之人，莫不皆谓水无可行之理，要非淹旬积雨，莫能济也。君谓审如是，岂人力所能及哉？颇闻善政王侯，实始作堰，以兹水赐其邦人，庙貌固在也，其能漠然乎？即为民致祷焉。一昔而水辄薄城下，不数日湖流漫然至，清冽可食，而行舟于河，不复留碍。耋稚欢叫，里巷相属，一方遂以无虞。噫，侯一何异哉！虽然，前此湖盖尝涸矣，无有能发其利者。发其利自宣德君始，君诚善其始矣。顾非侯以相之，则莫能善其终。盖宣德身管库之责，而能用意勤民之事。侯生既施劳于人，而殁犹炯炯如此。盖皆可谓有志于民，而与夫世之任人责而不思忧，视民灾而莫知救者，顾可同日而语哉。侯讳元時，史不传，不知何许人也？唐太和中，实令是邑。得之父老，它山以北，故时皆江也，溪流猥斥，并与潮汐上下，水不蓄泄，旱潦易灾。侯为视地高下，伐木斫石，横巨流而约之。率三入江，七裒于河，溉田凡八百余顷，其功利博矣，故民至今祠之。宣德君名意，字居正，江陵人也。乃祖若父，以风节文章闻天下，而君清直强学，不苟于其职，克似其家世者也。既德侯之赐，不敢忘，斥金以致饰其像设矣。

又属余以纪其事，余以谓天时之不常久矣，安知岁不旱而湖无涸乎？故具论如此，且以著二君之志而因以告夫后来者，使有考焉。冬十月令日志。

舒公亶《引水记》云："按图经，鄞县南二里有小江湖，唐贞观中令王君照所修也。盖今俗俚所谓细湖头，乃其处也。"《唐地理志》载"鄮县"注云："南二里有小江湖，开元中令王元暐置，小江湖，即日湖也。"杨蒙《引水记》云："唐人王元暐令鄞，始导它山之水，作堰江溪，约水势贯城以入，潴为平湖。"魏行己《增修堰记》云："它山一堰七乡，膏腴无虑，千数百顷，潴为平湖，疏为长河，以待旱干、水溢之患。"《唐志》言"小江湖王侯所置"，二《记》亦言侯置堰潴湖。君照在贞观，而王侯在太和，不应贞观尝修，而太和复言始置。岂王君既修之后，湖废而侯复开浚之，故言置耶？盖湖之为湖久矣，它山未堰之前，四明诸山之水多泄于江，水不及湖，虽修易涸，其余可知。它山既堰之后，王侯疏河引水入城，复开是湖，以为潴蓄之地。若是，则虽谓侯置湖，可也。然旧实有湖，不言修而言置，何耶？夫略有沮洳余沥之可因，谓之修，可也。明之为州，东北皆江，而西南皆山，皆一二百里。湖在平阳之地，水无其源，何时不废为平地，明矣，非置而何。魏岘记。

4.《月湖记》（宋・舒亶）

湖在州城之西南隅，南隅废久矣，独西隅存，今西湖是也。其纵南北三百五十丈，其衡东西四十丈，其周围纵七百三十丈有奇。其中有桥二，绝湖而过，曰憧憧。天禧间，直馆李侯夷庚之所建也。然僻在一隅，初无游观，人迹往往不至，嘉祐中，钱侯君倚名公辅，始作而新之，总桥三十丈，桥之东西有廊，总二十丈，廊之中有亭，曰众乐，其深广几十丈，其前后有庑，其左右有室，而又环亭以为岛屿，植花木，于是，遂为州人胜赏之地。方春夏时，士女相属，鼓歌无虚日。亭之南小洲前此有屋才数椽，乃僧定安守桥之所，后浸广，今遂以为僧院，寿圣是也。其西又有佛祠四并，其东皆乡士大夫之所居，其北有红莲阁，大中祥符中，章郇公名得象，尝倅是实创之，有记在焉。阁之北即郡酒务，故时，使人即湖以汲水，劳费甚，乃堤湖之中蓄清流，作楼于其上，以辘轳引而注之，至今以为便。然是湖本末，图志所不载，其经始之人与其岁月皆莫得而考。盖尝闻之父老，明为洲濒江而带海，其水蓄浅而易旱，稍不雨，居民至饮江水。是湖之作，所以南引它山之水，畜以备旱岁，始未之信也。熙宁中，岁大旱，阖境取汲于其中，湖为之竭，既又穴为井，置庐以守之。鄞令虞君大宁，尝记其事，刻石于寿圣院，乃知父老之传不诬也。钱侯去，距今几三纪矣，而湖辄浸废不治。其亭南既堤，以为放生池，濒湖之民又缘堤以植菱芡之类，至占以为田，淀淤芜没几不可容舟。元祐癸酉，刘侯纯父名淑，来守是邦，适岁小旱，乃一切禁止而疏浚之。增卑培薄，环植松柳，复因其积土广为十洲，而敞寿圣之阁，以其名名之。盖四明之景物具焉，湖遂大治。然其意，初不在游观也。古人于事盖不苟作，惟其利害伏于久远，难知之中所以，后世贵因循者，或莫之省，而好功之士至乐为之纷纷也。明有数湖危于废者，不特是湖也。若刘侯，可谓有志于民矣，故具论之，以冠诸图。庶来者有考焉。元祐甲戌三月记。

5.《广德湖记》（宋·曾巩）

鄞县张侯图其县之广德湖，而以书并古刻石之文遗余，曰：“愿有记”。盖湖之大五十里，而在鄞之西十二里。其源出于四明山，

而引其北为漕渠，泄其东北入江。凡鄞之乡十有四，其东七乡之田，钱湖溉之；其西七乡之田，水注之者，则此湖也。舟之通越者，皆由此湖。而湖之产，有凫雁鱼鳖茭蒲葭茨葵莼莲芡之饶。其旧名曰罂脰湖，而今名大历八年令储仙舟之所更也。贞元元年刺史任桐又治而大之。大中元年，民或上书请废湖为田。任事者左右之为出，御史李后素验视后，素不为挠民以得罪，而湖卒不废。刺史李敬方与后素皆赋诗刻石，以见其事，其说以为当是时，湖成三百年矣，则湖之兴其在梁齐之际欤？宋兴，淳化二年，民始与州县强吏盗湖为田，久不能正。至道二年，知州事邱崇元躬安治之，而湖始复。转运使言其事，诏禁民敢田者。至其后，遂著之于一州。敕咸平中，赐官吏职田，取湖之西山足之地百顷为之。既而，务益取湖以自广。天禧二年，知州事李夷庚始正湖界，起堤十有八里以限之。湖之滨，有地曰林村、沙沫，曰高桥、腊台，而其中有山曰白鹤、曰望春。自太平兴国以来，民冒取之，夷庚又命禁绝，而湖始复。天圣、景祐之间，民复相率请湖为田。州从事张大有按行止之。而知州事李照又言其事，报知至道诏书。照以刻之石，自此言请湖为田者始息。而康定元年，县主簿曾公望又益治湖，至张侯之为鄞，则湖久不治，西七乡之农以旱告。张侯为出营度，民田湖旁者皆喜，愿致其力。张侯计工度财，择民之为人信服有智计者使督役，而自主之。一不以属吏，人以不扰而咸劝趋。于是，筑环湖之堤凡九千一百三十四丈，其广一丈八尺，而其高八尺，广倍于旧，而高倍于旧三之二。鄞人累石堙水，阙其间而扃以木，视水之小大而闭纵之，谓之碶。于是，又为之，益旧。总为碶九，为埭二十。堤上植榆柳，益旧，总为三万一百丈。又因其余材为二亭于堤上以休，而与望春、白鹤之山相值，因以其山名。山上有庙，一以祠神之主此湖者，一以祠吏之有功于湖者。以熙宁元年十一月始役，而以明年二月卒事。其用民之力八万二千七百九十有二，而其材出于工之余。既成，而田不病旱，舟不病涸，鱼、雁、菱、茾、果、蔬、水产之良皆复其旧。而其余及于比县旁州。张侯于是可谓有劳矣。是年，余通判越州事，越之南湖久废不治，盖出于吏之因循，而至于不知所以为力。余方患之，观广德湖之兴，以数百年危于废者，数矣。由屡有人，故屡以治，盖大历之间溉田四百顷，大中八百顷，而今二千顷矣。则人之存亡，政之废举，为民之幸不幸其岂细也与？故为之书，尚俾来者知毋废前人之功，以永为此邦之利，而又将与越之人图其废也。张侯名峋，字子坚，以材闻，去而为提举两浙路常平广惠仓兼管勾农田差役水利事，方且用于时云。

6.《它山庙加封敕牒碑》（宋宝庆三年，公元1227年）

敕庆元府小溪镇它山遗德庙，神治水化民感恩歌之，奉尝百世，近民之吏，其受利流于地穷，而人之报之亦思为无穷，不惟义所当然，盖利之所必至也。尔神在鄞唐太和任鄮令，有夙惠政，史册书焉，筑堰回流，灌田万项，历载四百，遗迹如新，师言具孚，开以侯爵，褒纶表号，永绥庙飨，用慰一方甘棠之思，且为当代循吏之功，可特封善政侯，奉敕如右，牒到奉行。

宋理宗宝庆三年正月十七日

7.《它山庙加封敕牒碑》（宋淳祐九年，公元1249年）

敕庆元府鄞县遗德庙善政侯，神有功于民，祭法所尊也。尔在唐太和间立石以障洪流，泽物甚广，鄞邑家赖之，至今遗迹宛然，是宜庙食不朽，国朝褒表亦既封侯赐号矣，端平初祈，犹合词以请，因乃弗举，宁非阙欤，特命有司俾衍休称，以朕拳拳怀柔之意，

可特封善政灵德侯，奉敕如右，牒到奉行。

宋理宗淳祐九年二月初一日

8.《四明重建乌金堨记》（宋·魏岘）

出城南五十五里有堰曰它山，唐鄞令王侯讳元暐所建。水自越之上虞历四明山万壑争流，演迤砰湃南注于江。自堰之立，约水入河，乘除有数，鄞西七乡为田数千顷，藉以灌溉，其流贯于城之日月湖，阖郡之人饮焉、食焉、泳焉、游焉，堰之利博矣！然视水之大小而提阏者堨之助为多。野老谓侯由堰口浮三瓢听所止而立，殆神其事，今自堰之东十有五里为乌金，又东三里为积渎，又东二十七里为行春。皆相地之宜而为之节。惟乌金首枕上流，岁久摧圮，人情往往拘阂，因仍苟简，日就湮塞，莫能兴其废者，沙淤愈甚，河流易涸，公私交困，嘉定辛巳，耆老合辞以请，少保大丞相鲁公素知本末，慨然下其事于郡，且俾岘效规划之愚，乃计工赋材，选州县官主之，委里士为人信服有计知者，督其役，出给调度，一不以属吏民以不扰，而咸劝趋于是。从旁南低旧址三尺许，身东西五丈二尺有奇，南址七尺，臂东二十七丈，西十三尺。桥五丈五尺而长高九尺，阔称之，合石为之柜，植石为之椓，规模宏壮，工力缜密，时少卿余公建监簿章公良朋相继来牧，皆捐金佐费，始终其成，初郡并请修行春，筑朱濑堰，浚江东道士堰河，至是悉以次就绪，盖给于朝者钱十万，助于郡者四百万，总为工万有九千，越四月而毕，邦人举手加额曰："愿有纪。"岘世居光溪之滨，与田夫野叟念此至熟，兹幸赞是役，则叙次事实不当以固陋辞，切惟是堨坊建于有唐太和中，距今数百载，补罅苴漏，宁无其人，而莫有记岁时之详者，独元祐六年二月十六日重修有石刻在，实吕公大防当轴时也。君明臣良，百废具举，相望余两甲子，今相国复推广公德志切，为民推此邦无穷之利，视元祐成绩有光矣！或曰相国霖雨四海，泽及万世，一水利之兴，顾何足以颂勋德之盛。岘曰不然，谢文靖晋室贤辅，淝水之功伟矣，绝口不言，而拳拳于召伯之一埭爱人利物，大臣之用心固如此，是不可不书。余皆载之碑阴。十二月旦朝奉郎提举福建路市舶魏岘记并书。

9.《重修增它山堰记》（宋·魏行己）

汉宣帝尝曰："庶民所以安其田里而无愁恨者，政平讼理也。与我共此者，其惟良二千石乎！"噫，若汉宣帝者，可谓知治之本，所以能中兴汉室，功光祖宗也。今天子挺上圣之资，造中兴之业，凡以得为邦之本，加惠于元元者，至优至渥，方且辍近班之法，从殿方面之。侯藩，躬行阜俗之化，专意牧字之仁，千里之民，何其幸也。绍兴丙寅，农事举趾，而它山之堰缘，风飓忽起，潮汐冲突，川淤堤垫，堰城堕圮，七乡民田，将就枯涸，海波江卤，浸浸弥漫。太守待制秦公忧见颜色，乃默祷神祠，使息风涛，委督官吏，经营强堰，然后增葺它山，补土石之罅漏，塞梁坍之聩穴，易土以石，冶铁而固之，旬日之间，厥功告成。非独使今秋丰稔，千里足食，且俾斯民永赖其利于无穷。古之良二千石，虽龚黄不能过也。诚可以仰宽东顾之忧，上副明天子委任之意，猗欤休哉！堰成之日，泛舟者歌咏其德，力农者怀感其恩，咸谓异时入秉钧衡，登庸华要，必能霜雨四海，舟航巨川，盖权舆见于此也。夫四明泽国，负三江，捍两湖，潮汐上下，冲接山下，其来则沟浍皆盈，其去则田畴并涸，所恃以分甘泉咸卤者，堤防坚固而已。方其坚全则均被其利，毁决则悉罹其厄。惟它山一堰，所系尤重，七乡之间，膏腴无虑千数百顷，潴为平湖，疏为长河，以待旱干、水溢之患，皆它山一堰之利。是以今春偶经垫决，环境之民，

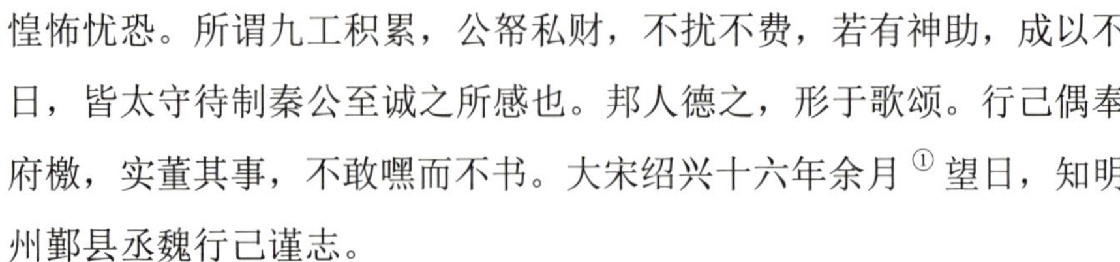

惶怖忧恐。所谓九工积累，公帑私财，不扰不费，若有神助，成以不日，皆太守待制秦公至诚之所感也。邦人德之，形于歌颂。行己偶奉府檄，实董其事，不敢嘿而不书。大宋绍兴十六年余月[①]望日，知明州鄞县丞魏行己谨志。

10.《回沙闸记》（宋·林元晋）

庆元表东海地枕江抱湖，水政举则多丰年，不则为沴。淳祐改元，冬，可斋陈公由少司农以秘阁修撰出镇兼制置沿海，二年春开藩，诹连岁失稔之故，父老曰：“是邦储水而启闭以时者曰堨，泄而不防则乾，积而不酾则溢，岁之多圮，民甚患之。”夏涝，公创堨，一曰保丰，复堨，二曰斗门，曰大河桥，修堨号为喉者三，曰食，曰水，曰气，是岁东西浙俱歉于涝，明独有秋。公曰：“今所导者流尔，盍治其源？”城内外为湖为港，鄞西七乡以饮以溉，皆源于它山，而邦人知其利，未知其害者居半也。它山而上则又大溪为之源，越水所注，夹岸沙弥望，雨则与水俱下，长官堰下上级皆三十六，其上沙没殆尽，下不没者五六，梅梁夭矫之状不可复见，其汤入于溪者数里，溪流几断，于是井皆汲卤，田苦竭泽，步浚至三四，役工数万计，民亦劳止，间有暴涨自西岸而下堙塞尤甚。一日，公顾其属林元晋曰：“岸之防固未易图，而浚治之繁，其可无简要之策，与其浚于既积，不若遏于未至，水轻清居上，沙重浊居下，宜闸以止之，水平则启，通道如故，沙聚于外则去之易为力。”会新吉州魏侯岘以书来述乡氓意，与公合，卜于长官祠，又合，乃度地吴家桥，去大溪五十寻而近，经始营之。侯家溪上，疏它山之泽夙备，肯总其事，佐以新进士安君刘，合

① 余月，《尔雅》月名，四月为余。

志坚久，起八月戊寅，迄今十月丁丑，无一日不晴，已乃雨，是殆天所助，人心大怿，公命元晋记之。夫水之利若害判于反覆手，禹川汉渠疏浚酾导不遑遐，何古人拳拳加意，而近世率视为故常也。公家古灵先生受业胡安定之门，渊源所渐远矣。体用之学，公得其传，大抵推所学以达诸政，鲜不自其心始，多事者为民不能专，多欲者及民不能详，公澹然，政尚清简，见明行果，于利民一无所靳，蠲近租六十万，积平籴本百万，惠犹以为小，要未可以施诸是邦者限量也。唐僧元亮赋堰诗有曰："海潮从此作回期"，人谓绝唱。长官距今四百十有六年，始有继其志者。堰之于潮，闸之于沙，古今一辙，尔邦人又将世世为美谈。公名垲，长乐人，余月庚戌从事郎特差沿海制置使司干办公事林元晋记，奉议郎新除大理寺簿赵隆书，奉议郎主管建康府崇禧观应繇篆盖。

11.《重修它山堰碑记》（明·周应宾）

（明万历三十二年周应宾撰　李复荣书并篆额　它山遗德庙　共二十二行，每行四十八字）

鸿远而鸠工者千年之涵泽也，鳞次而蹄涔者七乡之荫堤也，夫四明之墟邻海注壑而一泻万里，其七乡之埒延埑负陆而二顷三泼，自古以来无水堰堤防之高田，一罹旱魃而民其枯鱼矣，筑堰而后，非贤哲复修之，奔流又积淫涝而汇渗穴蚁矣。吾鄞以南，光溪而下，水上盈虚之喉咽也，琅琊王公元玮宰兹土，度天时、相地宜、兴水利，它山建堰，旱则河流七而江流三，涝则河水三而江水七，雨旸惟岁，增减惟均，征输在国，兴废在人，堰创自唐之太和年，盖千载于兹矣。其间肇开而再造□□□葺修，不知更几岁月、历几有司、役几耆旧矣。嘉靖戊戌沈侯继美坚葺之，今又溃圮阤而颓然将倾，石级参差，木桩朽腐，不可砥障众流，

陂塘之设，秖实漏卮，七乡占利之[illegible]START，疑修以千计，先是翁邑侯宪详申允抚按诸道，众者殚役殷钜，李和甫、何铭等四十余父老，上巡海范使君涞，命郡伯佐治，以王森、胡仲道、陈钱、王澜等四耆计修减值四百五十于千金中，工兴于己亥腊月九日，洪邑侯良范，自庚子仲夏廿日，重叠石三十三丈，下江摊砌六级，逮辛丑春日，黄郡丞榉躬亲询历下水加石益资金，癸卯夏日，更荷邹郡伯希贤，身自施临，巫别驾南金、汤别驾以伯、何司理士晋，悯役繁重为民倍培，魏邑侯成忠详谂增镪六十，固其基下，坚架其外，实筑其中，上申王海宪道显思，议告成，其抵绩者，邹郡伯、魏邑侯也。而督工者，先是何三尹守默，继以冉邑丞艺，王三尹仲烺，若其经度勤劬，均足以付贤二千石之口而分仁邑侯力也，勒名金石，以永不磨，故例得书焉，夫昆仑之水，源于宿海，流于黄河，经龙门而抵碣石，不泛不衡，赴梁宋之郊，则奔溃横溢而莫可御，况邑岙陬阡之陌之禾，举籍天泽山溪之潴蓄，其河流龙蟠蛇曲而不东奔于鲲溟鲸渤者，恒由水堰以保障生灵而涵滋万顷也。东作有望于西成，南亩同登于北陌，皆堰之所以为功，功之所以归上者，以三巡台兴利于前，两道尊加惠于后，郡伯、郡丞、别驾、司理主议于中，历三贤令每勤于外，而三佐之督成，四耆之领袖，其绩乌可泯也。昔神禹治水，地平天成，亘古迄今，兆民永赖其泽，如江河之流地，其□如日月之曜天，□□海国郡县，大夫遵□典则以润黔黎，胡公塘、汤公闸蔑以加诸，琅琊王公经始创址，庙祀□□血食其□它山宝利声□□□士女云奔王候祠飨庙貌焚香，其山出泉清□□山而仁明守令惟饮它山之甘醴，砥柱它山之中流，官清似水，惠流如泉，内召而去，去之□□姓攀辕，莫能借冠，幸得千秋庙食无穷，余因载齿□童才之讴不已，复镌其口碑记之贞珉，赐进士出身通议大夫吏部侍郎兼翰林院侍读学士郡人周应宾撰，石工王文成，方琏，邑人朱。

大明万历三十二年岁在甲辰五月吉日立宕户徐□□，周德，李茂。

12.《加封孚惠遗德庙善政灵德侯王公碑记》[1]（清·郭文志）

（长 190 厘米　宽 96 厘米）

侯姓王氏，讳元暐。唐太和中，以朝议郎行鄮县令。鄮，今之鄞县也。滨海枕江，商贾辐辏，鱼盐盈市，时属承宽之，后民淫以佻，盗贼充斥，侯一下车，以阜俗为本，务勤俭，尚敦朴，戒游惰，惩贪暴，民返于淳，境内大治。鄞地中高外卑，河水易竭，海潮至则交通于河，水味咸而不可食，溉田辄腐，民基病之。侯度地势，疏泉脉，引它山之水，曲折数十里达于城，界石为堤，俾江与河截然分流，以汲以灌，民用饶足。后人思其功，立祠于它山之人巅，岁时祭享。乾道中赐号遗德庙，宝庆中，敕封善政侯，淳祐中，加封善政灵德侯。我朝嘉庆六年，久雨水溢，禾尽偃，邦人大惧，侯降临于庭，雨止水平，岁则大熟，邑绅具状转闻于朝，十年六日奉诣加封孚惠侯，命下之日，鄞民扶老携幼填塞庙门外，欢声若雷。呜呼！侯之加惠于鄞，可谓至矣，鄞民感侯之惠，从而尸祝之，庙貌之，申请而褒封之，其所以美报于侯者，亦可谓称矣！《易》曰：有孚惠心，勿问元吉，有孚惠我德，言上有信。以惠于下，则下也有信，以惠于上，故交孚也！非侯其畴克当之。俗以十月十日为侯诞辰，余以县令致祭。咸请文其丽牲之石，义无可辞。其铭曰：维唐太和，侯宰斯土，悃悃款款，作民父母，民游则匮，

---

① 引自《它山堰新四有档案》。

训之以勤；民巧则敝，养之以真；行之期年，风俗大醇。海潮荐至，内通于河，咸不可用，旱竭则挪，侯曰无忧。不见它山，山下出泉，其流潺潺，汇而通之，曷竭曷殚，乃疏乃浚，乃引乃翼，乃甃以石，乃凝乃铁，广四十二仞，崇三十六级，江河分流，山泽嘘吸，万世永赖，欲报罔极，乃图以像，乃奉以祠，用请于朝，显之扬之。

帝曰都哉，民不可弃，御灾捍患，于礼宜祭，核实定名，允矣乎惠，士民捧檄，欢呼若狂，饮水思源，爰荐馨香，记之丰碑，没世不忘。

嘉庆十一年岁次丙寅仲秋之吉署鄞县事郭文志

13.《洪水湾塘枢纽工程碑记》（现代·缪复元）

1990 年 7 月，鄞县人民政府立《洪水湾枢纽工程碑记》，并建碑亭，存碑于鄞江镇东首洪水湾塘遗址旁。缪复元撰，张醒初书。

鄞西古水利以它山堰为襟喉，渠首工程由它山本堰、官塘和洪水湾堤坝三者构成。官塘用于壅向水位本堰泄洪，且引流分派小溪港；经本堰泄洪后的余水又在洪水湾再度分洪，三者相辅而为一体，成为鄞西众河之枢纽。故自古言它山堰必言洪水湾。

洪水湾居江河要冲，相传初在此置埋堨，后坏于江潮。宋淳祐三年秋，小溪士绅魏岘筑堤十二丈以堵之。宝祐中，沿海制置使吴潜就地筑三坝，一濒江、一濒河、一介其中。后中、外二坝毁，存濒河一坝，经清乾隆、咸丰两代重修增筑，延伸之百余米。民国十三年，邑绅张申之，朱炳蕃等发动民众再修堤塘，遂成石塘三百二十米，此塘挺拔坚固，沿用至今。

近十数年来，由于官塘被拆，下游设障，鄞西又有洪涝之虞。为此，鄞县人民政府于一九八六年决定兴建洪水湾枢纽工程。该工程由鄞县水利局承办实施，一九八六年冬动土，一九八八年冬竣工，历时二年，总耗资一百五十余万元。整个工程由排洪闸、活动节制堰和三通闸组成。五孔排洪闸以闸代堰，最大过水流量二百七十五秒（每）立方米；活动节制堰设闸门四座，用于抬高上游水位，昔时官塘的作用，遂得以弥补。若遇超设计洪水时，闸门则自动倾倒，能过水一百六十秒（每）立方米；三通闸呈三角形布置，设水闸三座，能通过二十吨货船，旱时又可利用高潮纳江中淡水，最大引流量三十秒每立方米，此枢纽工程与它山千年古堰相配套，必将惠及百代，故勒石记之，以垂永久。

鄞县人民政府

一九九〇年七月

附：文献所辑碑刻存目[①]

宋嘉定三年（公元1210年），《楼公异记残石》，存明州碑林，汪思温撰，行书，刻于“耕织图诗残石”之阴。

宝庆三年（公元1227年），《它山庙神王元暐加封善政侯敕牒》，存它山庙，行书。

淳祐九年（公元1249年），《它山庙神加封善政灵德侯敕牒》，存它山庙，行书。

明嘉靖四年（公元1525年），《重修它山遗德庙记》，存它山庙，吕和撰，华爱篆额。

嘉靖十七年（公元1538年），《冷水庵圣泉铭》，存冷水庵，其文为：“嘉靖十七年，宁波郡丞龙德孚题”十三字。

嘉靖十七年（公元1538年），《重修它山堰记》，存它山庙，

① 辑自《鄞州水利志》，中华书局，2009年，第775—777页。

陈壁撰。

嘉靖二十七年（公元 1548 年），《迁建宋王荆公安石祠记》，存实圣庙，杨言撰，并篆额书丹。

嘉靖四十四年（公元 1565 年），《湾头浚河记》，存清湾庙，鄞县知县陈王道、县丞曾鳌、典史王伟立石。

万历十三年（公元 1585 年），《重修梅墟石塘碑记》，存梅墟塘头庵，额题重修石塘碑记，范钦撰，董樾书，杨德政校。

万历十九年（公元 1591 年），《宁波郡丞龙侯德孚厘复它山堰田碑》，存它山庙，叶应乾撰，林芝篆额书丹，住山道士包交华立石。

万历十九年(公元1591年),《宁波府知府订立东钱湖禁约碑》,存东钱湖平湖亭。

万历十九年（公元 1591 年），《宁波府知府示东钱湖禁约》，存东钱湖堰头。

万历二十五年（公元 1597 年），《修复石塘大小碶闸碑记》，存石塘碶，沈一贯撰。

万历三十二年（公元 1604 年），《重修它山水堰碑记》，存它山庙，周应宾撰，李复荣书并篆额。

万历四十年(公元1612年),《宁波府知府订立东钱湖禁约碑》,存东钱湖堰头。

天启四年（公元 1624 年），《鄞邑侯广陵张公伯鲸，复浚城渠泊弘四乡水利碑记》,存县政府,陆世科撰,童嘉献书,洪□□篆。

清乾隆七年（公元 1742 年），《奉宪重修梅墟塘各图公筑条款碑》，存梅墟东狱宫。

乾隆七年(公元1742年),《重修梅墟塘碑记》,存梅墟东狱宫,范从律撰，李凯书。

乾隆十年（公元 1745 年），《感颂宁波郡伯汪公讳捐浚郡城河道碑记》，存鼓楼下。

乾隆五十八年（公元 1793 年），《各房书吏庄素玉等禀清海塘房专办海塘案务以专责成碑》，存中山公园，正书。

乾隆中（公元 1765 年左右），《重修钱堰碑记》，存钱堰头，闻善撰，钱辰奎书。

乾隆六十年（公元 1795 年），《杨公懿德政碑记》，存大嵩杨公祠。

嘉庆七年（公元 1802 年），《杨公祠碑记》，存杨公祠（现咸祥镇敬老院）。

嘉庆十一年（公元 1806 年），《奉宪永禁私放东钱湖沿江各碶闸告示碑》，存县政府，存东钱湖厉闸。

道光二十三年（公元 1843 年），《重修水则亭碑记》，存平桥水则亭，杨钜源撰，叶金宣书。

道光二十七年（公元 1847 年），《沈文恭公一贯石塘碶记略》，存石塘大碶桥，沈一贯撰，张恕注并识。

道光二十七年（公元 1847 年），《重修石塘大碶碑记》，存石塘大碶桥，杨钜源撰，陈掌文书，张恕篆额。

咸丰元年（公元 1851 年），《四明它山遗德庙从祀碑》，存它山遗德庙，徐时栋撰，张之万书，邵涛篆额，后有徐时栋识，章鋆书，朱安山刻石二方。

咸丰二年（公元 1852 年），《六庄□□公修金仙庙碶碑》，存金仙庙侧石道地。

咸丰七年（公元 1857 年），《德惠社碑》，里人张恕撰，碑有二，

一存长安桥左杨儒祠，一存旧府城隍庙。

咸丰九年（公元 1859 年），《捐修东西二碶头名碑》，存五乡碶东街。

光绪十年（公元 1884 年），《宁波府知府禁止李家河咀至鄞定桥河道居民侵占妨碍河道告示碑》，存泗洲塘杨公祠亭，额题勒石永禁。

光绪二十七年（公元 1901 年），《鄞县知县禁止沿江江塘开沟引水载运挑卖告示碑》，存周宿渡凉亭，额题奉府宪勒石永禁。

光绪三十三年（公元 1907 年），《鄞县知县禁止莫枝堰居民偷挖碶板捕取鱼虾告示碑》，存莫枝堰中街。

民国六年(公元 1917 年),《章溪同仁局碑》,存施姑潭普济庵。

民国八年（公元 1919 年），《浚修西大河碑记》，存泗洲塘八角亭，胡元钦撰。

民国十三年（公元 1924 年），《鄞县知事饬令自治委员筹款赎回杨木碶谢家河官河收归地方公有告示碑》，存杨木碶，额题奉宪勒石永归公有。

民国十三年（公元 1924 年），《戚家漕咀浚河告示及助资题名碑》，存梅墟。

民国十四年（公元 1925 年），《大咸乡澹灾碑记》，存邹溪塘头街，沙文若撰，任堇书，赵时桐篆额。

民国十八年（公元 1929 年），《鄞西南乡治河记》，存北渡永镇祠，陈训正撰，林德祺隶书。

民国二十年（公元 1931 年），《东吴里委员会公禁堆泥筑堤断流捕鱼告示碑》，存东吴邵家山头，额题禁碑，村长陈介眉立。

民国二十一年（公元 1932 年），《箕山第一泉记》，存许周后山脚下。

民国二十三年（公元 1934 年），《大咸乡澹灾后记》，存邹溪塘头街，额篆鄞县大咸乡澹灾后记，沙文若撰，余绍宋书，高丰篆额，刘钧仲刻。

民国三十八年（公元 1949 年），《鄞县七乡治水碑记》，存北渡永镇祠，杨贻诚撰，沙文若书。

民国三十八年（公元 1949 年），《鄞西水利协会修建风棚碶碑记》，存永镇祠，杨贻诚撰，沙文若书。

民国三十八年（公元 1949 年），《鄞西水利协会修建风棚碶工程记》，存永镇祠，杨贻诚撰，林德祺隶书。

三、诗歌

1.《它山歌》（唐·僧元亮）

它山堰，堰在四明之鄞县。
一条水出四明山，昼夜长流如白练。
连接大江通海水，咸潮直到深潭里。
淡水虽多无计停，半邑人民田种费。
大和中有王侯令，清优为官立民政。
昨因祈祷入山行，识得水源知利病。
棹舟直到溪岩畔，极目江山波涛漫。
略呼父老问来由，便设机谋造其堰。
垒石横铺两山嘴，截断咸潮积溪水。
灌溉民田万顷余，此谓齐天功不毁。
民间日用自不知，年年丰稔因阿谁。
山边却立它神庙，不为长官兴一祠。

本是长官治此水，却将饮食祭闲鬼。
时人若解感此恩，年年祭拜王元暐。

2.《它山堰》（唐·僧元亮）

截断寒流叠石基，海潮从此作回期。
行人自老青山路，涧急水声无绝时。

3.《题它山兼柬鄞令》（宋·舒亶）

呜呼！
王封君，心事鬼出没。
驱山截长江，化作云水窟。
旱火六月天，万栋挂龙骨。
萧条一祠宇，像设何仿佛。
破屋夜见星，漏雨湿衫笏，
杯酒谢车篝，兹事恐亦忽。
我闻古先王，报施亦称物，
矧今崇佛宫，民力殆言屈，
岂无制作年，一为起荒茀。
李侯仁贤资，抚字良矻矻。
可但清似水，方看健如鹘。
沉迹千载后，行且见披唿。
阴功世易忘，远虑俗多唿。
勉哉君毋迟，斯民久已郁。

4.《长句》（宋·舒亶）

粹老使君前被召，约往它山，既不果，以书见抵。谓可叹惜，并示广德湖新记，因成长句奉寄。

长江滚滚西南流，秋水时至狂不收。

大浪似屋山欲浮，王侯神智禹所啾。
万鬼琢石它山幽，梅梁赑屃卧龙虬。
咄嗟湍骇就敛揪，巨灵缩手愚公羞。
障成十里沙中洲，支分脉引听所求。
赤旱稽浸民不忧，那得虫蝗随督邮。
污邪瓯篓满车篝，斯民饱暖何认酬。
庙貌突兀寒滩头，岁岁鸡黍祠春秋。
老农击鼓稚子讴，当时人物纷雁鸥。
岂无鼎食腰金倴，朽骨往往空蒿丘。
姓名几复人间留，惟侯惠施膏如油。
江声浩浩风飕飕，千古不见使人愁。
拔俗万丈山标嶕，使君不减裴商州。
下车百蠹随锄耰，一笑四境无疮疣。
天闲老步须骅骝，已闻归作金华游。
钦贤访古意未休，画船载酒岸鸣驺。
相约与我置脯膆，冠盖纷纷暇莫偷。
搔首怅望情绸缪，我部使君亦何尤。
西湖万顷蛟龙湫，几年荒芾今则修。
鼛鼓勿胜财不捂，长堤岌並高岑楼。
泻有浍兮荡有沟，余波北注引漕舟。
桑麻被野禾连畴，鹤鹤白鸟杂游鲦。
菰蒲菱芡厌采搜，杨柳成幄荫道周。
耕渔呼歌羸病瘳，使君之赐侯可侔。
天边旌旆看悠悠，父老雪涕争攀辀。
地僻借恂恨无由，高文摛秀春华抽。

丰碑崒嵂镵银钩，千年空此留海陬。
君知他日思君不？还如今日人思侯。

5.《它山堰》（宋·楼钥）

它山堰头足奇观，百万雷霆声不断。
谁把并州快剪刀，平剪波澜成两段。
四明山深水源流，众壑会溪长漫汗。
滔天狂潦不可留，泻入长江势奔窜。
贤者唐家王长官，欲图永利输长算。
想得惨淡经营时，一一山川应饱看。
西偏千岭相属联，惟有兹山拥东岸。
遂于此地筑横埭，截取众流心自断。
斟酌利害不全取，高下参差仅强半。
水大十分七入江，徐挹三分供溉灌。
支流弥漫穿郡城，脉络贯通平且缓。
旱时及此水亦足，坐使千年忘旱暵。
无穷庙祀报元功，像设森严人敢玩。
梅梁夭矫有冥助，大患于今尚能捍。
前辈所作多神灵，日月真成赤心贯。
后人小智或更易，费尽工夫随破散。
河堙盍浚谋不集，堤断河倾流甚悍。
富民缩手人受殃，仰望古人重兴叹。
老木号风波湛碧，画屏俯仰丹心焕。
更须积雨看惊湍，濡足褰裳何足惮。
去家不远时一游，短艇垂纶流可乱。
八月倘有仙槎来，便欲乘之溯天汉。

6.《题它山善政侯庙》（宋　史弥宁）

粲晓轻舫掠水飞，乘闲来访长官祠。
云峦著邑四时画，石濑有声千古诗。
华黍几沾膏泽润，甘棠长起后人思。
伊渠不尽为霖意，除却梅龙谁得知。

7.《它山堰》（宋·无名氏）

谁将倚天剑，劚出天河水。
倾泻落人间，合流奔至此。
六丁战海若，横筑万石垒。
波涛敛潮汐，辟易走千里。
蓄泄有堨埭，深长富源委。
支派缭村落，湖渠贯城市。
千畦藉灌溉，万井酌清泚。
伟哉霖雨功，千载流不已。

8.《它山堰》（宋·薛叔振）

官为唐令尹，心切禹蒸民。
垒石流川水，分波及稼云。
万涛惊不夜，千古见如新。
更有朝宗脉，声容匪独鄞。

9.《它山堰次永嘉薛叔振韵》（宋·魏岘）

一朝堰此水，千载粒吾民。
只仰溪为雨，何劳旱望云。
四明人饮碧，六月稻尝新。
流出心源泽，年年惠我鄞。

10.《回沙闸成，次乡帅陈大卿韵》（宋·魏岘）

一堰限溪江，七方利耕稼。
卤汐回东溟，多水流仲夏。
仁哉王长官，一劳贻永暇。
长输不尽泽，绝腾晴雨乍。
旱魃从肆威，恃此不足怕。
滴水一滴金，欲买真无价。
年来沙作祟，耄倪忧日夜。
役夫锸方举，贤帅车已下。
丰资发公储，严祀辟神舍。
临流肃旌旗，问瘼穷隙罅。
实地开一坑，内水通百汊。
山判不可移，石级谁敢跨。
董正有赞府，相视皆别驾。
仍忧竭尾闾，置栅抵立坝。
即此是商霖，何必骄阳化。
它山不可磨，钱秦特其亚。

11. □□（宋·陈垲）

数月两出郊，劝农复观稼。
始言麦垄春，今已稻畦夏。
女红彩纴余，丁黄耘耔暇。
暄凉故不齐，晴雨倏忽乍。
百丰未为多，一歉诚所怕。
蠲逋广上思，平籴裁米价。
毫发可及民，岂不念夙夜。
昔有王长官，筑堰它山下。

惠利久益博，神灵此其舍。
泓深或龙蛰，坚屹无蚁罅。
定为三七分，酾为数十汊。
石梁贯云涛，谁敢著足跨。
流沙从何来，疑有物驱驾。
人力几淘浚，壅淤仍障坝。
神功终此惠，去沙而变化。
视古谁比方，郑白其流亚。

12.《它山堰》（宋·应熠）

十里犹闻地震雷，海神惊惧勒潮回。
游人只爱山川好，一饱因谁惠得来。

13.《和韵》（宋·魏洽）

几何水作四时雷，试去寻源棹懒回。
欲看泽民千古样，我来不是等闲来。

14.《谒善政祠》（宋·魏雩）

携家再谒长官祠，桂子风吹游子衣。
惠泽至今犹瀚漫，宫楹虽古自光辉。
梅梁偃蹇苍龙伏，石级参差白雪飞。
此地本非共玩赏，骚人到此自忘归。

15.《游它山》（宋·应枢）

登陆由来说四明，它山胜地久驰名。
龙眠巨堰两崖下，鲸吼奔流一水清。
宝阁钟鸣群动息，金轮鼓奏百神惊。
后来水政谁研究，肯与云涛更主盟。

16.《它山堰》（宋·陈垌）

堰雷推动阿香车，惠泽均沾十万家。

谁任长官身后责，回潮今又见回沙。

17.《它山歌诗跋》（宋·魏岘）

人知它山之诗而不知它山之歌，歌以言其诗之未尽，诗以言其歌所不欲文。不观其诗，无以见亮公之绝唱，不观其歌，无以见王侯之始谋。予方幼时，盖尝耳其歌之大略矣。每以石刻不存为恨。咨询耆老有年，于兹近划得墨刻读之，甚喜。或疑《图志》止载绝句为唐僧元亮所作。此刻不载岁月名称，恐非亮公之笔。然即其歌，以溯其意。如因祈祷入山与夫棹舟深入之语，非亮公距王侯未远，其孰能知此耶。予因连岁浚沙之艰，而思创堰之不易。虽大书特书亦未足以答侯赐。是歌也，讵容不传，敬摹以寿诸石，使歌与诗并行，益以扬侯千万祀无穷之泽云。

18.鄮西竹枝词（节选）[①]（清·万斯同）

善政祠前岩壑幽，一村佳趣此全收。

莫论奇绩穷千古，只说江山也最优。[②]

王令[③]当年放木鹅，身营三碶隔江河。

只今启闭谁相问，一任舟人伦闸过。

鄞江西去接它山，百里长堤几曲湾。

---

① 竹枝词是一种诗体，主要特色是吟咏乡土风情，对地方社会历史文化的研究，具有重要的史料价值。它山堰作为古代著名水利工程，历史上留下许多脍炙人口的竹枝词，对了解它山堰历史和进一步深入研究具有重要的史料价值。这里节选清人万斯同的《鄮西竹枝词》和清人袁钧的《鄮北杂词》举例说明。

② 唐文宗时王元暐为鄮令建它山堰，百世利赖至今，有善政侯祠。

③ 王令既筑它山堰，犹患水无所泄，因制三鹅随水放之，即其止处建三碶，外为江，内为河分隔，迄今享其利。

晴日放舟真乐事，远峰无数点苔斑。
光溪山水甲明州，花竹禽鱼事事幽。
阅尽西南行乐处，无如此地日逛游。
常喜它山冷水庵，一泓冰雪地中涵。
坐来六月浑忘夏，不信人间暑气炎。

19. 鄮北杂词（节选）（清·袁钧）

永丰门外永丰碶，低不可减高难增。
只道增高能蓄水，一年旱涝偏相仍。[①]

① 保丰碶本名永丰碶，在北门外西北之咽喉也。乾隆甲辰邑令钱君维乔重修，误听故县胥王琏之言，增高碶底一尺，又移回沙闸向里去旧址七丈五尺，天旱水涸如故，数日雨，禾即病水。

第三章　它山堰工程科学与技术成就

它山堰灌溉工程体系由渠首枢纽、渠系工程、调蓄工程及防洪工程组成。

它山堰工程渠首位于四明山鄞江出山口，鄞江镇西侧，东经121°20′、北纬29°46′，地处鄞西平原西南端海拔最高处。鄞江在下游11千米处汇入奉化江。它山堰距宁波市区约22千米。它山堰截鄞江水入干渠南塘河，南塘河河长24.5千米。南塘河上接樟溪，自它山堰分洪口至洪水湾节制堰段称光溪。向东北经定山桥、洞桥、横涨桥、栎社、石碶、段塘，自南水门三市入宁波市区交护城河。堰渠纵贯鄞西平原，渠道迂回。

第一节　渠首工程

它山堰渠首枢纽由拦河堰、回沙闸、官池塘和洪水湾塘等组成，是具有蓄水、溢洪、引水灌溉、冲沙、通航等功能的综合性水利枢纽。

一、拦河堰（它山堰坝体）

始建于唐，历代重修。其中，宋明期间因堰上沙淤先后加高3次，总加高0.75米。现堰全长113.6米，堰顶宽3.2米，第二级宽4.8米，总高5米。堰体加高时，向上游位移1.6米，下游压在原堰体上，上游在堰前砂卵石上，为防不均匀沉降，打下短桩，并用黄泥三合土防漏。拦河堰是一座由大块石叠砌的拦河滚水坝，该砌石堰体最大厚度为 4 米，一般厚度为 2.3~2.8 米，堰底直接砌于基岩之上，其厚度仅 1.8~2 米，形成中间较厚向两岸逐渐变薄的断面。堰体砌筑所用石块为长 2~3 米的条石，堰顶可以溢流。堰截江河为二，堰上之水，平时七分入河，三分入江，洪时七分入江，三分入河，以灌溉功能为主，兼具阻咸、蓄淡、引水、城市供水、排洪等功能（见图 3–1 和图 3–2）。

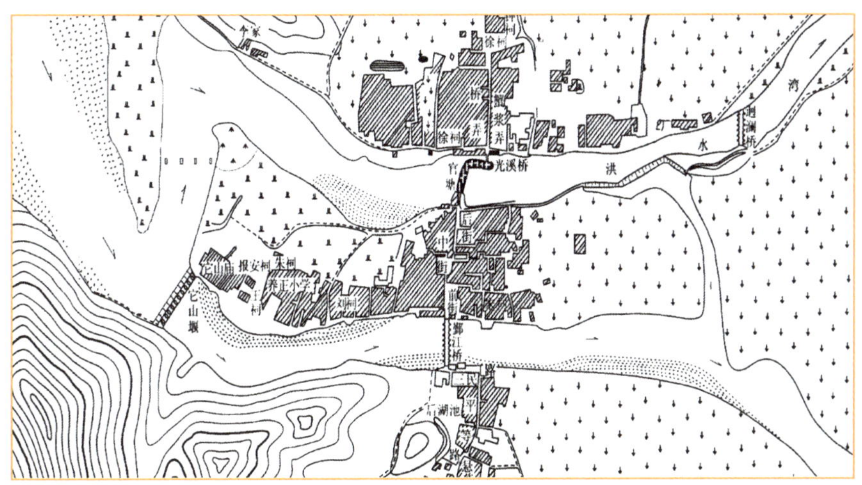

图 3–1　它山堰渠首工程分布（明清时期）

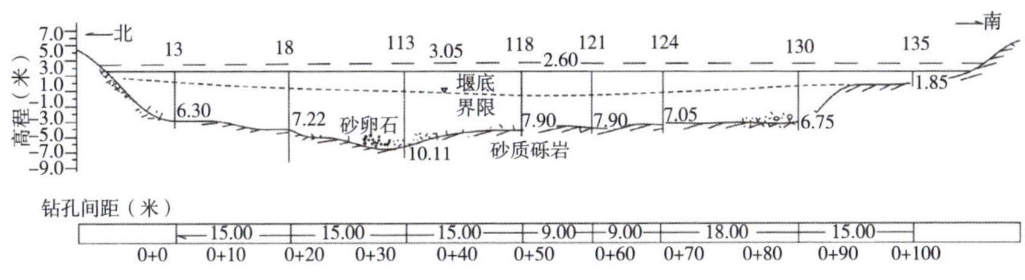

图 3–2　它山堰地质剖面图

关于拦河坝的坝体结构（见图 3–3），《四明它山水利备览》记载："堰身中空，擎以巨木，形如屋宇。每遇溪涨湍急，则有沙随实其中，俗谓护堤沙；水平沙去，其空如初。土人以杖试之，信然。"有专家认为，所谓"堰身中空，擎以巨木"，并非是指它山堰是"空心坝体"，而是石堰中部留有闸口，以巨木叠梁为门，主要功能是排沙。[①]

图 3–3　它山堰拦河堰

二、回沙闸

始建于宋代。宋淳祐二年（公元 1242 年）郡守陈垲为防内港淤积而建，三孔。今存石柱四根，柱高 2.8 米，闸门槽宽 11 厘米，闸中孔孔距 3.5 米，二边孔孔距均为 3.02 米，西首第三根石柱刻"测水尺"三字，字旁镌有尺寸，一尺约合今制 27 厘米，应是检测水位高程之用。第三根石柱刻有"回沙闸"三字（见图 3–4）。

① 参见张卫东：《古代它山堰工程结构问题再研究——"堰身中空"新解》（未刊稿），2022 年。

图 3–4 回沙闸

三、官池塘

距它山堰以下里许有一弧形石塘，名曰官塘或官池塘，也称官池墩（见图 3–5）。其左为光溪桥，塘长南北走向 80 米左右，东西走向 20 余米，宽 3.5 米，用条石砌筑。其塘高于它山堰约 20 厘米。官池塘建于明嘉靖三年（公元 1524 年），民国十年（公元 1921 年）重修。小水出光溪桥，洪水时漫塘而过，其作用有四：一壅高官池塘上游水位，提高它山堰排洪能力；二能阻沙入港，

图 3–5 官池塘

以免淤塞南塘河、小溪港；三将主流迫向左岸，利于小溪港引水；四沟通南北交通。20 世纪 80 年代毁坏，现河堤仍可见工程基础。

四、光溪桥

亦名许家桥，为石砌单孔拱桥，建于明嘉靖三年（公元 1524 年），清嘉庆三年（公元 1798 年）重修，光绪二十八年（公元 1902 年）大修，现桥长 35.95 米，宽约 4.5 米，桥孔跨度 12 米，高 7.8 米（见图 3-6）。北堍踏垛 25 级，南堍踏垛 28 级，桥孔两边上端有石匾额，东匾书“光溪桥”，西匾书“四明首镇”，两侧有长条柱联，桥东为“曲堤枕大江近接万家烟火，虹桥联古道遥通百里舟车”，桥西为“甃石驾龙门雄抱苍山重翠，环溪分月影长涵蕙水文澜”。

图 3-6　光溪桥

五、洪水湾塘

洪水湾塘位于鄞江镇东首，去堰二里许，外泄江潮内攻塘，为阻隔江河之控制性工程（见图 3-7）。修塘之前，此处曾有碶闸，屡经洪水，恐会垮塌，因此宜筑堤岸，防备未然。淳祐三年（公

图 3-7　洪水湾塘遗址

元 1243 年）秋，连经大风水，冲坏江堤，溪流走泄。魏岘闻于府黄大卿，并委筑治，于八月二十八日至九月初七日毕，堤高二丈，阔一丈二尺、长十二丈。宝祐中（公元 1255 年左右），知府吴潜就其地置三坝，一濒江、一濒河、一介其中，后中外二坝垫于江中，只存濒河一坝，即洪水湾塘。清乾隆四十一年（公元 1776 年）、咸丰七年（公元 1857 年）、民国十三年（公元 1924 年）重修增筑。旧塘长 105.6 米，1924 年重修后长 320 米，高 4.16 米，为一条坚固石塘。洪水湾塘为阻咸蓄淡、行洪排泄工程，它山堰泄洪后之余水，在此再分洪一次。20 世纪 70 年代以后，因官塘被拆，上下游设障等原因，为提高泄洪能力，1988 年改塘为闸，建成洪水湾排洪闸，以提高排泄能力。现仅保存一段残塘，供后人凭吊。

第二节　塘河体系

它山堰塘河体系是宁波市的水源工程。由渠系工程、灌排控

制工程和调蓄工程三部分组成。

一、渠系工程

它山堰有完善的渠系配套工程，渠系分干、支、毛及田间渠道（见图 3–8）。引水干渠由三道组成，分别是南塘河、中塘河和西塘河。其中南塘河为主干渠，中塘河和西塘河为分干渠。通过三条干渠联系起鄞西平原内 20 余条支渠，灌溉区内 20 余万亩良田。

图 3–8　它山堰灌溉工程干支渠系

1. 干渠南塘河与其支渠水系

（1）干渠南塘河

又称前塘河、甬水。民国《鄞县通志》书南塘河始于光溪桥。1988 年官塘拆除后，洪水湾活动节制堰下起始称南塘河。向东北经定山桥、洞桥、横涨桥、栎社、石碶、段塘，自南水门三市入宁波市区交护城河。全长 24.5 千米，均宽 33.1 米，河底高程 –0.1~–0.17 米，河面积 0.81 平方千米。南塘河与鄞江、奉化江平行，局部地段仅有丘壑之隔，沿途设置较多碶、闸、涵，向奉化江排水、纳淡，是引樟溪之水入鄞西河网和甬城的主要供水河渠之一，也是行洪、排涝、蓄水、灌溉、航运的骨干河渠（见图 3–9 和图 3–10）。

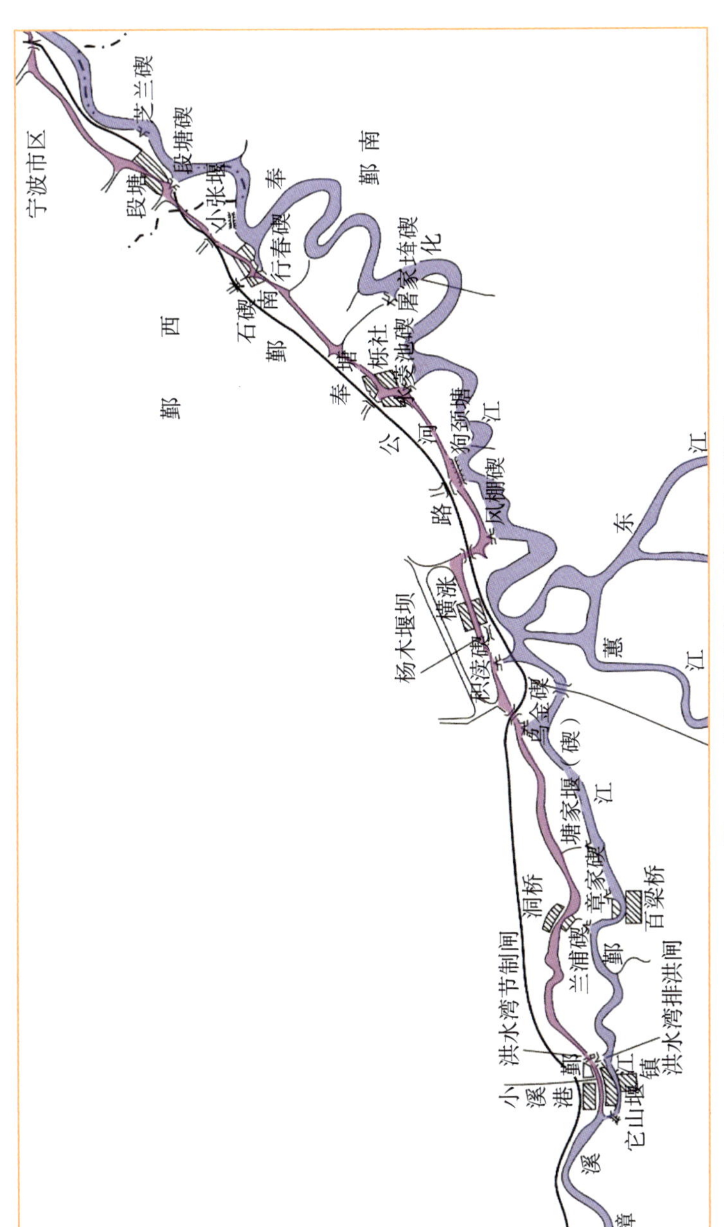

图 3-9 南塘河与鄞江、奉化江位置关系

图 3-10　干渠南塘河（鄞江镇光溪桥）

（2）小溪港

又名柴家河。由樟溪（光溪）鄞江镇小溪桥向北，经柴家至梅园大桥村（左纳建岙溪）。长 3.7 千米，均宽 4 米。为梅园、蜃蛟主要引水、排洪河渠。

（3）里龙港

又名惠明港（见图 3-11）。自梅园翁家向南，经芝山、里龙港、葛家湾至洞桥头天王寺惠民桥入南塘河（1977 年填葛家湾至惠民

图 3-11　南塘河支渠里龙港（惠明桥）

桥段，开野鸭畈河）。翁家至里龙江段长 3 千米，均宽 12.34 米。

（4）王子汇港

自野猫洞港孙家向东北，经上凌，至下凌东北 250 米交照天港。长 2.8 千米，均宽 40 米（见图 3–12）。

图 3–12　南塘河支渠王子汇港（洞桥镇沙港村）

（5）照天港

据民国《鄞县通志》称：“此水甚清洁可酿酒，故名照天，俗称叫天港（见图 3–13）。”照天港分为两段，南段为原照天港，

图 3–13　南塘河支渠照天港（古林镇前虞夅村）

北段原作王子汇港北段。照天港南段自南塘河洞桥镇荷花池头向北，经上王交千丈镜河，上王西400米交王子汇港。长2.8千米，均宽30.85米，均深1.5米。照天港北段自上王西400米向北，经前虞至后虞汇入石马塘江。长3千米，均宽40米，均深1.5米。

（6）风棚河

自中塘河祝家桥向东南，经集士港渔业队（交前塘河）、鹅井曲（交新塘河）、古林、东杨（交千丈镜河）、北渡（交南塘河），出风棚碶入奉化江（见图3–14）。长9.8千米，均宽20米，河底高程–0.1~–1.4米。东通栎社、石碶。为行洪排水河道。

图3–14　南塘河支渠风棚碶河（听泉桥）

（7）千丈镜河

自梅梁桥河梅园翁家向东，经前虞（交里龙港、照天港）、下王、西杨、东杨（交风棚碶河）、千丈镜、车何北（交车何港）折向东南，至车何南600米交南塘河（见图3–15）。长11千米，宽33~44米，河底高程–0.73~–0.84米。

图 3–15　南塘河支渠千丈镜河（镜水桥）

（8）车何堶港

自千丈镜河石碶镇车何太平桥向北，经洪江岸、椰档漕（布政南 500 米，交南新塘河）、布政至朱郁交前塘河（见图 3–16）。长 5.3 千米，均宽 9.2 米，均深 1.1 米。东经千丈镜河通南塘河。

图 3–16　南塘河支渠车何堶港（文秀桥段）

（9）象鉴桥河

自前塘河七港口（新庄西南 500 米）向东南，经汪汤、马伯桥（以

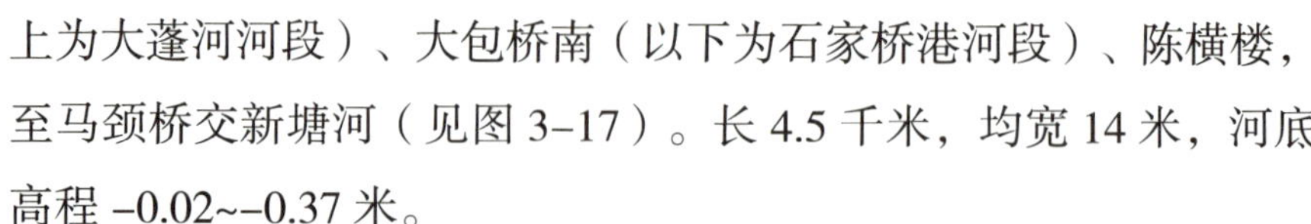

上为大蓬河河段）、大包桥南（以下为石家桥港河段）、陈横楼，至马颈桥交新塘河（见图 3–17）。长 4.5 千米，均宽 14 米，河底高程 –0.02~–0.37 米。

图 3–17　南塘河支渠象鉴桥河（石碶街道雍景苑小区）

（10）南新塘河

又称新塘河、隔塘。自中塘河解放桥向东南，经青垫（交西洋港）、古林俞家控湖桥、鹅井曲（交风棚碶河）、布政（交布政河）、汤家，至石碶交南塘河，出行春碶入奉化江（见图 3–18）。

图 3–18　南塘河支渠南新塘河（卧虹桥）

河长 15 千米，平均河宽 23.5 米，河底高程 -0.05~-1.25 米。横贯于鄞西平原中部，连接南塘河、中塘河，通湖泊河、西塘河，是构成鄞西河网的骨干河道之一。

（11）启文桥河

自前塘河新庄古塔桥向东南，经藕缆桥钱家、石家漕、后周漕至启文桥（圣帝桥）交南塘河（见图 3-19）。长 4.5 千米，均宽 14 米，均深 1.5 米。西通七港口，北通望春桥。

图 3-19　南塘河支渠启文桥河（海曙区启文小区）

2. 分干渠中塘河与其支渠水系

（1）分干渠中塘河

自林村向东，经凤林（交凤岙市河）、横街头（交湖泊河），至解放桥（崔家桥）折东北，经姚家、集士港（交西洋港、集士港）、祝家桥（交风棚碶河）、卖面桥、望春桥、汇源桥交西塘河（见图 3-20）。渠长 12 千米，均宽 24.7 米，河底高程 0.29~-0.88 米，河面积 0.3 平方千米。横贯鄞西平原中部，具有引水、蓄水、灌溉、航运等功能，亦是引水入宁波市区的主要河渠之一。

图 3–20 干渠中塘河（卖面桥段）

（2）凤岙市河

西接梅梁桥河。自凤岙凤屿桥向东北，至横街头凤林（见图 3–21）。长 1.7 千米，宽 12 米，均深 1.1 米。

图 3–21 中塘河支渠凤岙市河（清垫夹塘）

（3）梅梁桥河

又名上横河（见图 3–22）。自梅园姚村向北，经潘家垫、沿山边家（纳丁岙岭岙大利水库之水）、何家、梅梁桥，至凤岙市。长 5 千米，均宽 7 米，均深 1 米。

图 3-22 中塘河支渠梅梁桥河（鄞江镇梅园村）

（4）集士港

自新塘河控湖桥（古林镇俞家西 500 米）向东北，经董家桥、集士港镇（交中塘河）、南湖桥、金家桥至高桥交西塘河（见图 3-23）。长 7.3 千米，均宽 20 米，均深 1.4 米。此港为广德湖旧址，东通西水关（西门口），南通北渡，西通凤岙村，北通大西坝，为鄞西平原中部行洪排水干河之一。

图 3-23 中塘河支渠集士港（太平桥）

（5）北新塘河

又称前塘河（见图 3–24）。自古林俞家控湖桥向东，经陆家、朱郁折向东北、石乳桥、夏家、徐家，于望春桥汇源桥交中塘河。长 11.4 千米，均宽 25 米，河底高程 0.21~-0.61 米。东通石碶，南通栎社，西通横街、集士港。此河为广德湖旧址，故河西北之田为湖田，河东南之田为民田，中有夹塘，是鄞西平原中部干河之一。

图 3- 24　中塘河支渠北新塘河（职湖桥）

（6）西洋港

南段称石马塘江，中段称淡渡江，为鄞西平原干河之一（见图 3–25）。石马塘江：南接野猫洞港，自前虞向北，经后虞、石马塘村、蜃蛟大桥，至何家石桥。长 2.4 千米，均宽 40 米。淡渡江：自石马塘江何家石桥向北，经西洋港村至西戴朱家（朱都埭）。长 1.9 千米，均宽 40 米。西洋港北段：自朱都埭向北，经青垫（交南新塘河）至集士港交中塘河。长 3.8 千米，均宽 20 米，均深 1.5 米。

图 3-25　中塘河支渠西洋港（西洋港桥）

（7）湖泊河

又称大江河（见图 3-26）。自横街头隐仙桥向北，至石塘六和桥交西塘河。长 7 千米，河面宽处 67.9 米，狭处 30 米，均宽 48.9 米，水深 1.6 米。东通集士港，南通弥陀寺河，西通茅草漕河，是鄞西平原最宽河道。

图 3-26　中塘河支渠湖泊河（十三洞桥）

3. 分干渠西塘河与其支渠水系

（1）西塘河

又称后塘河（见图 3–27）。自石塘六和桥向东南，经高桥（交集士港河）、望春桥（交中塘河），至宁波市区西门口。总长 13.18 千米，阔处 46.3 米，狭处 21.6 米，均宽 32 米，均深 3.12 米，河面积 0.42 平方千米。沿途多向北连通碶闸、翻水站河渠，向姚江排水、翻水。是鄞西平原引水、灌溉、行洪、排水、航运主要河渠之一。

图 3–27　干渠西塘河（高桥镇芦港轻轨站）

（2）九里浦河

自石塘小碶桥向北，经大堰头（楼家堰）、浦弯至半浦渡永济桥，出九曲碶入姚江（见图 3–28）。长 5 千米，均宽 10 米，均深 1.5 米。南接西塘河（西接石塘碶）。

（3）叶家河

自前塘河七港口夏家向东北，经施家漕、何家、龙宫桥（交中塘河）、新桥（交西塘河）、甲板漕、下林叶家，出叶家碶入

图 3-28　西塘河支渠九里浦河（高桥镇大堰头村）

姚江（见图 3-29）。长 5.6 千米，均宽 17 米，河底高程 0.23~-1.12 米。是行洪排水河道。

图 3-29　西塘河支渠叶家河新桥

（4）七里河

黄家至保丰碶，长 1.5 千米，均宽 12 米，均深 1.5 米。南通西塘河，东出保丰碶入姚江（见图 3-30）。

图 3–30 西塘河支渠七里河（海曙区西门口市水利局）

（5）柳西河

自宝善桥向东北，至大卿桥交西塘河（见图 3–31）。长 1.1 千米，均宽 50 米。

图 3–31 西塘河支渠柳西河（海曙区效实中学）

二、灌排控制工程

1. 碶闸

为了保障它山堰灌溉工程体系的有序运转，在干渠南塘河沿线修建一系列阻咸、防洪、排涝设施（见图 3–32）。其中包括唐代王元暐所建的乌金碶、积渎碶和行春碶三碶，宋代修建的风棚碶和唐家堰碶，明代修建的沈公塘，清代修建的狗颈碶，以及兰浦碶、章家碶和杨睦坝等修建年代不可考的碶闸堰坝。

（1）乌金碶

位于洞桥镇上水碶村。唐王元暐置堰后，虑及暴雨时泄流不足，又在下游续建三碶以启闭蓄泄，乌金碶为其一，又称上水碶，距它山堰 7 千米左右，宋元祐六年（公元 1091 年）重建，嘉定十四年（公元 1221 年）又修，民国三十七年（公元 1948 年）大修，实测碶长 14.9 米，宽 2.75 米，5 孔，钢筋混凝土闸门，螺杆式启闭装置。2001 年在原碶旁新建上水碶新桥（见图 3–33）。碶斜对面有乌金庙，面阔三间。

（2）积渎碶

位于石碶街道下水碶村。初置于唐，为王元暐所置三碶之一，历代重修，又名下水碶，距它山堰 9 千米许，宋嘉定十七年（公元 1224 年）重修，民国十三年（公元 1924 年）又修，民国三十七年（公元 1948 年）大修，碶桥栏板上刻“积渎碶”（见图 3–34）。碶长 14.4 米，宽 2.15 米。由于水路改道及道路建设等原因，碶所在河道现已被填，原有功能已经丧失。

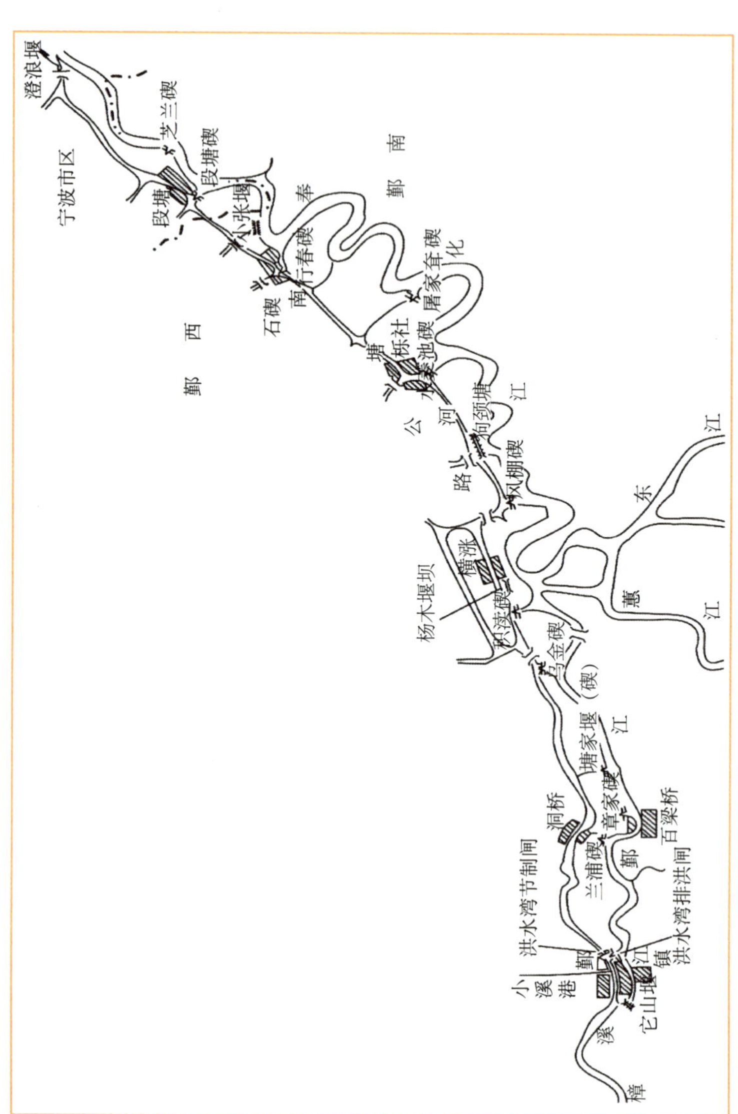

图 3–32 南塘河沿线主要碶闸分布情况

图 3-33 乌金碶

图 3-34 残存的积渎碶桥栏板

（3）行春碶

位于石碶街道石碶村行春碶路 1 号民居前（见图 3-35）。初置于唐，为王元暐所置三碶之一，又名石碶，距它山堰 18 千米许，明代重修，乾隆三十五年（公元 1770 年）、道光二十八年（公元 1848 年）、民国十三年（公元 1924 年）……多次维修。1962 年重建，4 孔，混凝土平板闸门。2005 年易地重建，新址位于下游 265 米处。

图 3–35 改造后的行春碶

现原碶已废止，碶脚改为桥基，原址仅存部分栏杆和遗址碑记。

（4）风棚碶

位于石碶街道北渡村西南侧（见图 3–36）。熙宁八年（公元 1075 年）鄞令虞大宁修建，大观年间改筑为塘。清道光元年（公元 1821 年）巡道陈中孚、县令郭淳章重建，道光三年（公元 1823 年）完竣，道光十四年（公元 1834 年）邑绅张景豪重修，道光二十八年（公元 1848 年）署守徐敬，邑绅张恕、朱德章等捐资大修，民国二十一年（1932 年）县长陈宝麟、区长董开纾组织修葺。1971 年易地重建，原碶址仅存部分石柱。新碶三孔，钢筋混凝土闸门，螺杆式启闭装置。桥面改为钢筋混凝土，上建一层管理用房，闸岸大部分已改，尚存局部石砌做法。实测新碶长 15.3 米，宽 2.4 米。南有毓英禅寺和为祭祀虞大宇而建的新棚庙。

图 3–36 风棚碶遗址

（5）狗颈塘

位于石碶街道北渡村附近（见图 3–37）。东濒奉化江，西临南塘河，是二水间的夹塘。因其形似狗颈而名，亦名“九径塘”“永镇塘”。长 416 米，宽 10.24 米。清康熙十年（公元 1677 年）县令朱士杰兴建，与洋河、沈公二塘连接。十六年（公元 1687 年）郡守李煦、令江源泽重修。乾隆三十五年（公元 1770 年）知县高大泽又修。嘉庆十一年（公元 1806 年）知县周镐大加修葺，更名“永镇”。道光二十八年（公元 1848 年）士绅张恕等捐资重修，互筑

图 3–37 狗颈塘

泥垅八十余丈、深八尺余、阔八尺。复于新老塘相接处、老塘冲坍处加阔八九尺至三丈。1958年维修并加固增高，现存部分遗迹，长约784米，条石堆砌，用榫扣接，路面条石长约2米，宽0.5米。

（6）兰浦碶

位于洞桥镇洞桥村，又名拦浦堰，始建年代待考，元《至正续志》曾有记载，另据《鄞县通志》记载，曾于清咸丰七年（公元1857年）修，民国十三年（公元1924年）又修（见图3-38）。1955年改堰为碶，后又新建碶闸及启闭装置，并在原有桥墩基础上外延0.75米，桥面加宽近1米。现仍在使用，堰两侧河岸已被更换材料维修，堰下部保存完好，上部已被换为钢筋混凝土桥，栏板上“兰浦堰”题字尚在。实测碶桥长10.4米，宽2.95米，单孔，钢筋混凝土平板闸门，螺杆式启闭装置。

图3-38 改造后的兰浦碶

（7）章家碶

位于洞桥镇蕙江村西邻百梁桥，原称为章家堰（见图3-39）。据《鄞县通志》记载，始建年代不详，乱石叠成，清咸丰七年（公元 1857 年）重修。20 世纪 50 年代中改堰为碶，现碶仍在使用，碶体上部已被改为钢筋混凝土桥，且局部被周边新建筑物包围，碶两侧河岸大部已重、改砌，题字尚存，下部堰闸仍可见，碶下两侧石嵌保存比较完整，但年代不详，北侧新建钢铸桥栏。实测碶长 7.6 米，宽 3.5 米。

图 3-39 章家碶

（8）唐家堰碶

位于洞桥镇唐家堰村，始建于宋代，另据《鄞县通志》记载，清咸丰七年（公元 1857 年）重修，1967 年改堰为碶，加修桥梁，单闸，1996 年鄞江引水工程建成后，此闸不再使用，堰体下部深入水中，上部已被改为钢筋混凝土桥面，河岸重砌，闸已佚，题字尚存，周边有加建（见图 3-40）。实测长 4.73 米，宽 7 米。

（9）杨睦坝

位于鄞州区石碶街道横涨村，《鄞县水利志》载旧名为杨木堰，清光绪末（公元 1907 年）停闭，民国十五年（公元 1926 年）由滕夏林、张丕俊、张宗莲、张拜俊等重开，名杨睦坝，过船连通内河与奉化江水道，原为人工绞盘升船，后鄞江水利委员会改为电动卷扬机牵引坝，1989 年废（见图 3–41）。上部全部损失，水下尚存局部，但情况不明。原长 21 米，宽 2.3 米，实测长 17 米，宽 3.3 米。

图 3–40　唐家堰碶

图 3–41　杨睦坝遗址

（10）沈公塘

位于石碶街道北渡村附近（见图 3–42）。万历年间（公元 1573—1620 年）鄞令沈犹龙率众所筑。与狗颈塘接。

图 3–42　沈公塘遗址

三、调蓄工程

它山堰灌区分布有众多湖塘，它们与渠系连通，调蓄灌溉用水，清代有“十三塘”之说，最为著名的调蓄工程当数日月二湖。日月两湖皆源于四明山，一自它山堰经仲夏堰入南门，一自大雷经广德湖入西门，潴为二湖。在城东南隅曰日湖，久湮仅如泽；独西隅存焉，曰月湖，又曰西湖。宋舒《西湖引水记》记述：“唐贞观中令王君照（所）修也。……明之为州，濒海枕江，水难蓄而善泄，岁小旱则池井皆竭。而是湖所以南引它山之水，为旱岁备。”

1. 日湖

日、月两湖现位于宁波城区，是灌区尾水归纳之区，也是宁波城市供水重要的人工调蓄工程。历史上两湖范围很大，宋代文献记载月湖“纵三百五十丈，横四十丈，周七百三十丈有奇”；明代记载日湖“纵一百二十丈，横二十丈，周围二百五十丈有奇”。目前日湖已经湮废，遗址在今海曙区境延庆寺、莲桥街、天封塔一带。

2. 月湖

月湖，又名西湖，位于今宁波市海曙区境，是城区重要调蓄工程和水利景观（见图 3–43）。南北长 1 千米，宽约 130 米，水面积 0.157 平方千米，蓄水量 15×10^4 立方米。今已辟为月湖公园。大致位置：北靠迎凤街，西依偃月街、共青路，南傍长春路，东南近三支街，东临镇明路。柳汀街东西向横穿中部。三支街口有河渠穿过长春路连接护城河。

图 3–43　月湖公园

第三节 水管理

南宋时期，为了实施对河网水位的控制，设置了平水则，对沿江各碶闸进行有效管理。代表性的有三处：一处在它山堰旁边的回沙闸，一处在城东大石桥碶，都是用作控制闸门启闭的依据，这两个水则都建于南宋淳祐二年（公元 1242 年）；第三处水则设在城中的平桥南端，是宝祐年间（公元 1253—1258 年）丞相吴潜（公元 1196—1262 年）所建。这是我国最早在小流域开展水位监测和管理的记载，是当时水利测量科技和管理领域的重要创新。

鄞县背山面海，海潮上溯时，溪水皆咸，无法灌溉和饮用。南宋后期开始在汇注江河的各支流上建闸，平时闭闸隔绝咸水上溯，并蓄积淡水以供饮用，江流涨水时则开闸泄洪。因此，闸门启闭直接关系到鄞江流域中居民的生产和生活。[①]

一、开庆平桥水则

南宋鄞县三水则中名气最大的是开庆元年（公元 1259 年）吴潜在平桥所建的平字水则碑。

吴潜，淳祐十一年（公元 1251 年）任右丞相、宝祐四年（公元 1256 年）至开庆元年（公元 1259 年）判庆元府（治今宁波鄞州区），在任 3 年多，对于水利建设贡献甚大，“凡碶闸堰埭，某所当创，某所当修，某所当移，见于钧笔批判者，皆若身履目击”[②]，此外，

① 参考周魁一：《鄞县宋代水则的科学成就及其在古代水位量测中的地位》。

②《开庆四明续志·水利》，卷 3，《宋元方志丛刊》，中华书局，1990 年，第 5952 页。

开庆元年在城内设立平字水则碑，即在碑上刻一平字，视水面处于平字的部位，据以启闭沿江各闸。当年夏久雨，吴潜据水则显示的水位及时指导开启各闸，并在水闸泄水不及的关键时刻决堤泄水，防止了原本难以避免的洪涝灾害，从而保住了一郡农业的丰收。

吴潜确定平字水则碑的高程是经过一番实际调查的。他在《平桥水则记》中说到这一经过："余三年积劳于诸碶，至洪水湾一役，大略尽矣。己未，劭农翠山，自林村，由西门泛舟以归。暇日，又自月湖沿竹洲舣城南，遍度水势，其平于田塍下者，刻篙志之，归而验诸平桥下。伐石为准，榜曰水则。"[①] 鄞县四明山水系主要有西面的中塘河和西南的南塘河，二河从西、南水门入城。因此，为满足由城中河道水位了解和控制中塘河和南塘河水位的要求，必须建立城中河道与上游二河的水位关系。当年吴潜的调查路线是：一条是沿县西中塘河，自翠山、林村泛舟至城西；一条是由竹洲出发查勘城南的南塘河一带。测量了各闸所在河段的水位与农田之间的高程关系，并同时测量当时的月湖平桥处的水位。即将城西、城南水位统一换算为平桥处的水位，并据以操作各闸的启闭。其水则标尺为一平字。水淹平字则开启水闸放水；平字出露则闭闸积蓄淡水。

将各地水位换算为平桥水则水位的原因，水则碑文有一语交代："平桥距郡治巷语可达也。"距离府衙仅五十步，而且水则碑周边有一个较大空间，"使守令车马过辄见之"[②]，方便官府督查管理。明嘉靖十三年（公元 1534 年）知府郑威利用这块空地加

① ［宋］吴潜：《履斋遗稿》，卷 3，四库全书本，第 22 页。

②［清］张恕等修：《（光绪）鄞县志》，卷 6，三喉条。

盖学堂，最初设计的方便管理和观测的本意丧失了。后百余年，学堂废毁，水则竟被埋入瓦砾。此后清顺治七年（公元 1650 年）和嘉庆二十四年（公元 1819 年）重新发现宋代水则碑，至道光二十六年（公元 1846 年）重建水则亭，同时“别镌平字碑石，而以原石贴附碑阴”。但由于亭基较宋代加高，水则高程变更，已无法作为流域水位的标志，徒存古迹而已。

二、淳祐大石桥水则

大石桥在县东城外一里，建于北宋元符元年（公元 1098 年）。淳祐二年（公元 1242 年）郡守陈垲重修并于桥下做平水石堰（溢流堰），“而于浦口置闸立桥，内可以泄水，外可以捍潮”。但闸门启闭如何管理？以往本地水灾的发生，大多是由于民众顾虑放水太多，雨后缺水灌溉而放水不及时的缘故。于是陈垲“遂置平水尺朝夕度水增减，以为启闭。地形高下不等，而水之浅深亦然，大概郡城河滨之水常以三尺为平，余可类推。过平以上则当泄”。陈垲所设水则称平水尺。平水尺的度量注意到地形高低与深浅之间的关系，即所测量的是水位，而非水深。

平水尺不仅可以施测城东河道水位，而且“余可类推”，可见平水尺是建立了城内水位与流域内其余各河段水闸水位的相关关系。陈垲当年在鄞县境内兴修的水利工程相当普遍，有条件建立小流域的统一水位关系。陈垲于南宋淳祐元年（公元 1241 年）十二月任庆元府（治今宁波鄞州区）知府，三年（公元 1243 年）正月离任。在鄞县工作的一年时间里，据《至正四明续志》记载，所做的水利工作有以下 7 项：①东钱湖和小江湖捞浚葑草；②它山堰清淤和建回沙闸；③疏治城中的气喉、食喉和水喉等“三喉”，

开通泄水通道；④清理河道障碍行水的民居；⑤北城外建保丰碶；⑥东城外重修浦口疏水二闸；⑦重修城东大石桥碶等。陈垲不仅兴修工程数量多，而且工作勤勉，深入实际。“每逢暑雨连日夜，水溢出山谷，垲单骑察水道，亲督疏治。念不可遍历，于是创平水尺斟酌分寸，以为诸碶闸启闭之准。”其中“念不可遍历，于是创平水尺斟酌分寸，以为诸碶闸启闭之准”，道出了依据平水尺可同时控制流域内有关碶闸启闭的内涵，反映了平水尺中蕴含的统一标示高程相差地点水位的作用。同时代的郑清之评价陈垲“政成之暇，搜讨河渠为乡国长久之虑”，陈垲自作诗中，也有“数月两出郊，劝农复观稼”句，都说明他对河渠水利勤于调查研究，成为统一控制各乡水位的工作基础。

统一标示各乡水位于城东给管理工作带来许多方便。往年农田受淹，农民要求开碶闸放水，必须先向都保长报告，都保向县府、县府再向州府逐级请示。之所以开放碶闸要由州府控制，是为了保证上下游、左右岸各县乡地方水利利益的协调一致。但如此往返需耗时 10 天左右，由于如此耽搁，“水之溢者已壑，稻之浸者已芽”，不能满足适时泄水的需要，平水尺设于城东大石桥，“今州郡一闻雨骤、水汛，不待都保县道申到，放闸之人已遣行矣”，州府衙门能依据平水尺直接控制有关各闸启闭蓄泄，既方便了管理，又提高了成效。

陈垲平水尺之设较吴潜平桥水则早 17 年，二者科技水平相当。只是平桥水则挨近府衙，“巷语可达”，更加便于获取信息和指挥操作。

鄞县水则中，后世均以吴潜平桥水则为代表，较早的陈垲平水尺反被冷落，其原因大体有二：一是吴潜有著名的《平桥水则记》

传世；二是吴潜位居丞相，陈垲的光辉难免被其掩盖。而且陈垲兴建水则非止一处，它山堰回沙闸是另外的一处。

三、淳祐回沙闸水则

鄞县地域原本树木繁盛，植被良好。有植被屏蔽和涵蓄雨水，江河流量较为均衡，水中泥沙含量也少。南宋以来，由于滥伐树木，“靡山不童”，洪水泥沙俱下，它山堰溪港淤塞，严重影响供水。以往主要依靠定期系统疏浚来维持供水功能。淳祐二年（公元1242年）陈垲提出：“与其淘于既积，不若遏于未至。”这样，淤积集中于上段，较之上下游大范围清淤易于施工。他根据它山堰上游底沙颗粒较大的特点，决定当年在它山堰引水渠首段建回沙闸，“闸三间，板皆七。中间常留一板，俾上下可通舟，水涸则去。东西闸常留两板，……水泛则不拘早夜，集众力急下板。相水高下，板随以增减。常令水自上入溪，沙隔于外，水平去板，通舟如故”，即用闸板将底沙拦在引水渠外，便于集中掏浚。水大时沙多，叠梁闸板多下几块；水小时只留一两板，以便于通船。回沙闸的兴建既便利组织管理，又使它山堰充分发挥作用。当年组织施工的林元晋将回沙闸与它山堰的作用等量齐观，“堰之于潮，闸之于沙，古今一辙尔”。

回沙闸处有没有水则作为闸板启闭标示呢？当年负责施工的魏岘写道，“板之为限，以水为则，水涨则下，水平则去，启闭以时，不病舟楫”，未明确说“以水为则”是否具体设有水则，和依据什么为“则”。淳祐初年补入《宝庆四明志》卷十二回沙闸条中的文字，又有“相水高下，随以增减”的说法，其中蕴含有水则的内涵，但仍未确指。

嘉靖《宁波府志·河渠》对回沙闸水则有明确记载，并且依据的是魏岘《四明它山水利备览》。“堰西北百武为回沙闸，宋淳祐间守陈垲咨于乡人庐陵守魏岘。岘作《水利备览》，其略曰：大小溪之上，夹岸皆沙，雨则与水俱下，……乃仍吴家桥之三门，板各七，刻平字水则于两柱上，令土人许阿一者司之，启闭有节，榜石于旁以示禁。后果便。”闸三孔，每孔有叠梁闸板七块，水则刻于两柱上，上书平字。日后用以指示回沙闸的启闭，尚称便利。

四、宋代鄞县水则的技术成就及其历史地位

南宋间鄞县水则的代表当数淳祐二年（公元 1242 年）陈垲主持建立的大石桥水则、它山堰回沙闸水则，以及开庆元年（公元 1259 年）吴潜主持建立于平桥的平字水则（见图 3–44 和图 3–45）。其突出的成就在于，在容易观察得到的和能够集中反映小流域水位变化的地点设置水则。水则刻画的标示，主要依据四乡生产和生活适宜的水位和灾害水位，以及在河道中蓄积淡水资源所需的水位等指标，同时依据以上各种水位高程和集中控制各蓄泄闸门的水则所在处的水位关系，由主管小流域的行政长官统一掌握和集中管理运用各碶闸的启闭。在水位量测技术上，鄞县水则的成就主要表现为流域水位的集中标示；在管理运用上，由于本区水网错综复杂，碶闸分布广泛，直接涉及各地之间的利益关系，设立集中水则大大缩短了水位变化与操纵碶闸启闭之间的时间间隔，从而提高了管理运用的精度，减少了各有关地区间的水利纠纷。南宋鄞县的水位测量科学成就处于当时全国领先水平。

图 3–44　平桥水则碑

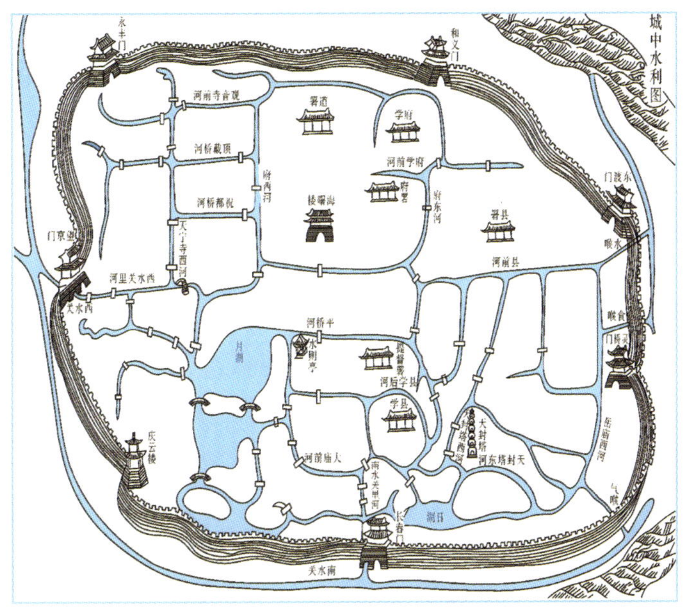

图 3–45　鄞县（今宁波鄞州区）城市河系与水则碑

第四节 科学与技术价值阐释

它山堰是我国水利史上首次出现的块石砌筑的重力型拦河滚水坝，选址科学，规划合理，设计合理，施工先进，历代不断配套完善，堪称我国乃至世界水利史上的奇迹。它山堰灌溉工程体系的科技价值主要体现在工程规划布置、建筑结构等方面。

一、规划布置

1. 渠首选址

它山堰选址科学合理（见图 3-46）。鄞江之水发源于四明山，流经樟溪，河谷渐宽，至鄞江出山峡后，河谷宽度为 1 千米左右。大溪之南沿流皆山，其北皆为平地，至今堰址处主流趋近南岸，北有小山虎踞，高十余米。两山相隔约 150 米，“两山夹流，铃锁两岸”，它山之西以文港入溪，为七乡水道襟喉之地，选此处为建堰地址甚为科学合理。

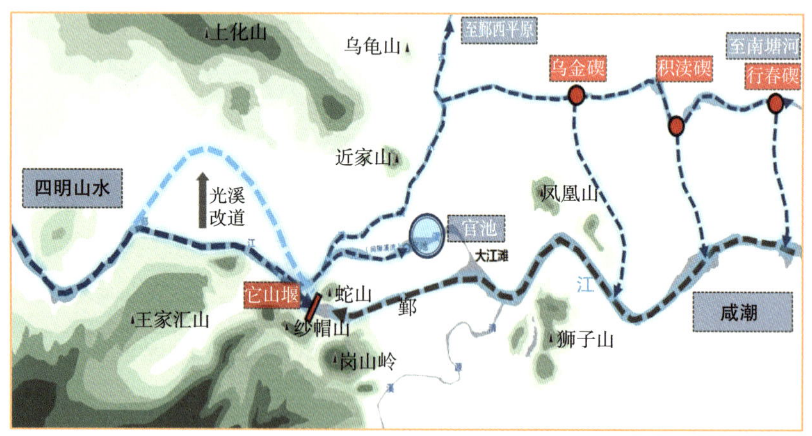

图 3-46 它山堰位置恰在出山口，上可拦蓄清水，下可阻挡咸潮

2. 渠首枢纽规划

渠首拦河堰建成后，实现了引江蓄流，导水溉田。为了保证灌区渠道的防洪安全，首先在渠首西北建回沙闸，通过闸和水则的调控实现了初步的沉沙、水量调控的作用（见图 3–47 和图 3–48）。此后，为了进一步避免洪水对灌区渠道的影响，在南塘河渠首以下鄞江镇东修建了一个溢流堰：洪水湾塘。通过洪水湾塘的作用可以进一步排泄汛期进入灌区的洪水，保障下游安全。明代，为减少渠道淤积，提高南塘河支渠小溪港的引水保证率，又在洪水湾塘以上修建了官塘。通过这一工程的运用，提高了官塘以上水位，加大拦河堰在汛期的排洪能力，同时蓄滞汛期洪水减少南塘河下游的淤积。此外，水位抬升后保证了南塘河支渠小溪港的引水。由此通过 700 余年的持续规划建设，保证了渠首工程持续运用。

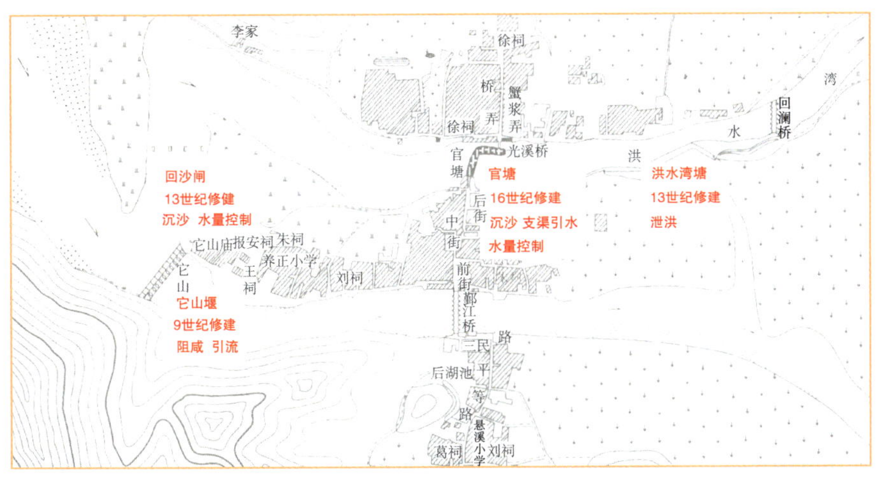

图 3–47　它山堰渠首规划设计

图 3–48　它山堰灌溉水利工程分布图

3. 工程体系规划

它山堰工程体系规划合理，形成一套引泄完整、滞蓄可靠的灌区水利系统。它山堰建成后实现鄞江与南塘河等灌溉渠系江河分流，通过拦河坝、回沙闸、官池塘和洪水湾塘等渠首工程体系的联合调度，实现平水时上游来水七分入河，三分入江。涝时七分入江，三分入河，保证下游的用水安全。同时，进一步保证下游渠系的防洪安全后，又加建乌金、积渎和行春三碶，涝可排鄞西河网多余之水，旱可利用潮汐顶托，开闸蓄淡，补充鄞西灌溉水源。此后，又在下游接近奉化江处修筑关键的狗颈塘、风棚碶等控制性工程，进一步保障灌溉渠系的安全。

二、拦河堰建筑结构

目前仍在应用的最早的大型条石砌筑结构拦河堰，渠首工程结构设计科学合理，保证了工程一千余年的持续使用。

1. 条石锚固、护坦消能与铺盖防渗

拦河堰的堰体施工技术为我国传统水工建筑所少见。首先，堰体结构主体为条石砌筑，并用铁、榫相连，增加堰体的整体性。其次，堰底打木桩并回填黏土夹碎石。再次，堰体上游覆盖大片石板，延伸长度为10~15米，下为黏土加碎石层，加碎石增加土的抗剪强度并加大其固结度，这种做法与现代土力学理论相符。同时黏土对堰基起到防渗、防冲作用，且还能减少上游来水对堰体的冲刷以保持堰体的稳定性。最后，堰体下游消能采用多级护坦的布置方式与近代水利学提出的分散消能原理不谋而合（见图3–49和图3–50）。

图3–49 堰体上用于锚固的孔洞

图3–50 堰体上游基础上平铺的石板

2. 堰体非等厚设计处理不均匀沉陷

它山堰堰体厚度采用的是非传统的非等厚布置，河床中央堰体厚为3.85米，向左右两侧逐渐减至2米左右，据分析推测，为使河床中央与两侧的沉陷量均匀，采用变厚方式，以增大河床中央堰体的刚度，从而使河床中央堰体较之河床左右两侧刚度比达7倍以上。

3. 堰底向上游倾斜增加抗滑稳定性

堰底部倾向上游，倾角为5度，据分析，该构造可以增加堰体的水平抗滑稳定性一倍以上，符合近代固体力学原理和水利工程建筑的设计方法。这在同时期国内外的古代坝工建设中尚属首创。

4. 堰体微拱设计增加结构稳定性

它山堰堰体长达100多米，在平面上略呈向上游凸出的弧形，且鼓出的最远点恰与河床深槽相对应，这样利用水流特性，溢流时水流向河床中心集中，可减轻对两岸的冲刷并保护堰体稳定性。

第四章　它山堰水文化

第一节　它山堰堰庙及水神

一、它山堰堰庙

它山堰建成后，王元暐逐渐被神化，民间就把王元暐看作是神，是菩萨。除了它山堰遗德庙外，在鄞江镇附近的西乡，民间修建的祭祀王元暐的庙还有许多，庙号也叫它山庙。历史上的它山庙，自唐宋至明清，先后建了16处，其庙名有：遗德庙一处，“童君庙”六处，“乌金庙”一处，“天兴庙”一处，“童[illegible]土庙”一处，“浮石庙”一处，“里它山庙”一处，“新它山庙”一处，“东王君庙”一处，“石塘庙”一处，“西王君庙”一处。这些庙[illegible]祀的除了王元暐，还有县丞童毅。“童君庙”多为祭祀童毅所建。鄞西地区有“九它山十童君”之说。

在这些祠庙当中，论规模、历史以及影响范围首推遗德庙（见图4–1至图4–6）。该庙始建于北宋建隆元年（公元960年），以横亘于庙前的纱帽山与绛山峡谷之中的蛇山而起名，因蛇呈龙像，故起名蛇山庙。南宋乾道四年（公元1168年），宋皇朝赐庙号“遗德”。因蛇属百足之虫，有损王公声望，故将蛇山庙改作它山庙，其含义不变，全称“敕赐它山遗德庙”，它山堰称谓也由此时开始。

它山庙自北宋初期建庙以后，历代对王元晧的业绩都有极高的定论。特别是宋代和清代，对王元晧予以加冕和追封。

南宋宝庆三年（公元 1227 年），加封王元晧为善政侯，并赐敕文勒石予以表彰。南宋淳祐九年（公元 1249 年），追封王元晧为善政灵德侯，并于庙之左前方立“浮屠”以表彰，并赐敕文勒

图 4-1　它山遗德庙，庙内供奉了王元晧等治水人物

图 4-2　它山遗德庙内供奉的民间治水人物

图 4-3　现存部分祭祀建筑的空间分布

图 4-4　祭祀风棚碶建造者的风棚碶庙

图 4–5　修前的它山庙前殿

图 4–6　它山庙大殿

石予以表记。清嘉庆十一年（公元 1806 年），追封王元暐为孚惠王，并于庙前立“片石留香”亭予以褒表。由于历代对王元暐的褒奖，鄞江桥的三大庙会围绕它山遗德庙为中心而长盛不衰。自北宋建隆元年（公元 960 年）建庙伊始，千余年来，它山庙历经世道沧桑，遭受天灾、兵事等劫难，数度遭厄，也数度重建。现存建筑为清光绪十五年（公元 1889 年）重建，位于它山堰北端约 20 米处，整组建筑群坐北朝南，共分三进院落，由山门、大殿、后殿等建筑组成。

山门：公元 1993 年重建。位于它山庙建筑群体的最前端，单檐硬山顶，通高 5.92 米。进深二间，通进深 6.5 米，面阔三间，通面阔 11.2 米。明间上方悬有红底贴金匾额一块，直书“敕赐它山遗德庙”七个正楷大字。山门前有石狮一对。

大殿：公元 1948 年重建。位于它山庙建筑群体的中间，重檐歇山顶，进深三间，通进深 10.4 米，面阔五间，通面阔 18 米。门上檐下悬有匾额两块，上檐匾额书有“远绩禹功”四个正楷大字，上款为“大清光绪十五年”，下款为“高振霄书”四字，下檐匾额镌“它山名宦”。大殿左右两壁塑有建堰十兄弟纪念人像，正中须弥座上塑王元暐坐像，坐像高约 1.4 米，靠背上方有纪念王元暐功德匾一块，红底金字，其文曰：

> 善政侯孚惠王王元暐，山东琅琊县人氏，唐太和年间任鄮县令……，为便利鄞县水系，浚小江湖，筑它山堰，又建乌金、积渎两碶，未建行春碶，泄洪泻卤，旱涝均宜……，生年十月初十日，为王公生辰……，届时用刚鬐柔毛，摆七牲，由鄞县正印官主祭。

后殿：重建于清光绪十五年（公元 1889 年）。位于它山庙建筑群体的最后，重檐硬山顶，进深七间，通进深 11.12 米，面阔五间，通面阔 20.18 米。明间抬梁式，次间、梢间穿斗式。殿中悬匾

“积石回澜”。该殿曾于1996年辟为鄞县水利陈列室，现已拆迁。

遗德庙山门东首约10米处有一座石碑亭，亭柱镌有“江河旧著分流绩，霖雨新膺赐谥荣”联句，额枋上刻“片石留香”四字。亭中有清嘉庆十一年（公元1806年）所立的“加封孚惠遗德庙善政灵德侯王公碑记”。

由于它山遗德庙四时香火不绝，继之各种会头也接踵而来。宁波府、绍兴府、台州府以及舟山、定海等地的士民百姓，蜂拥邹江，遗德庙内，香烛求神，祈祷未来：拜梁王、放焰火，求祝灵，一应俱全，但愿王县令显圣，保本地岁岁平安，年年常熟，路不拾遗夜不闭户。历史上它山庙庙会是宁波府的第一大庙会（见表4–1）。

表4–1　　祭祀王元暐祠庙一览表[1]

名　称	所在地原地址名称	今属乡镇	建庙时间
遗德庙（俗称它山庙）	鄞江镇它山堰旁	鄞江镇	唐时建祠，宋咸平四年重修
童君庙	鹳岭乡大路沿妙智寺侧	龙观乡大路村	初建五代吴越，清末改祀童毅，原因不详
乌金庙	镇宁乡，乌金碶旁	洞桥乡上水村	宋
天兴庙	中兴乡洞桥头	洞桥乡洞桥村	宋
童君上庙	芦泾乡树桥头	桥乡树桥头村	元，此庙该乡有二处
童君庙	鹳岭乡	龙观乡	元，此庙该乡有三处

①祠庙的统计多有不同，姚汉源先生在《〈四明它山水利备览〉集释初稿》中，收录有1990年河海大学出版社《鄞县水利志》，第330页统计表列17处。1997年《它山堰暨浙东水利史学术讨论会论文集》鄞县文管会陈联飞《王元暐及其祠庙考》有16处。2009年，《鄞州水利志》由中华书局出版，第515页统计表同陈联飞的统计。本书从此稿。

续表

名 称	所在地原地址名称	今属乡镇	建庙时间
童君庙	清道乡	高桥镇	元
童君庙	芦泾乡宝丰庄	宁锋乡宝丰庄村	明
浮石庙	清道乡新庄	高桥镇新庄村	不详
里它山庙	环溪乡桓村	龙观乡桓村	不详
新它山庙	民益乡柴家	梅园乡柴家	明崇祯时
童君庙	清源乡王家潭西	鄞江镇悬慈村	清乾隆六十年
童君庙	鹳岭乡薛家岙	龙观乡雪岙村	清乾隆五十四年
东王君庙	钱岙乡陆广桥镇山南	横溪镇	嘉庆十三年重修
石塘庙	月塘乡石塘街西	高桥石塘村	清嘉庆十九年
西王君庙	钱岙乡钱岙西	横溪	光绪十年重修

二、水神王元暐

王元暐，山东琅琊人，唐大和七年（公元 833 年）以朝议郎任鄮县令，爵为上柱国。关于王元暐的生平，文献史料记载很少。南宋里人魏岘的《四明它山水利备览》有“唐太和七年[1]，邑令王侯元暐，相地之宜……规而作堰，截断咸汐”数语。北宋咸平年间，重修它山庙时，明州通判苏为写了《重修善政侯祠堂记》，有王元暐任鄮令，“以勤俭诫游堕，以诚悫崇孝兹。贪夫敛手于袖间，暴客屏迹于境外。能使婚嫁有序，茕独有依”。邻县老百姓为生活贫困而“愁叹”之时，鄮县老百姓却能“谐乎礼乐”，与邻县老百姓生计“凋弊”相比较，鄮县人民过得“丰乎衣食”。《加封遗

① 《新唐书·地理志》记载其为开元时鄮县令。“唐太和七年”，应为“唐大和七年”。

德庙孚惠侯王公碑记》进而载有“以阜俗为本，务勤俭，尚敦朴，戒游惰，惩贪暴，民返于淳，境内大治”。词句虽有过誉之处，但大体反映了王元暐任鄮令时爱民如子、勤政廉洁的政绩。

王元暐的功绩主要来源于他对鄞州水利的治理上。他总结前任治理小江湖、广德湖的经验，没有采用传统单一的浚湖、筑堤等治理手段，而是注重实地调查，掌握第一手资料，根据鄞西地形特点有针对性地提出了“筑堰截流，阻咸引淡”的治理思想。北宋魏岘在《四明它山水利备览》一书中对它山堰水利枢纽工程作了高度评价：“唐至今，四百十有六年，民食之所资，官赋之所出，家饮清泉，舟通物资，公私所赖，为利无穷。”明代杨守陈在《小江湖诗》中赞叹：“小江三十里，一碧湛清空，源出丹山表，波浮绿野中，七乡均引溉，双碶并疏通，忽变桑田后，谁知王令功。”

它山堰是鄞西地区水利的枢纽，它的建成使“咸水以堰而止”。堰墩提高水位后，樟水入光溪流经南塘河入宁波日湖、月湖，鄞西二十四万余亩田地既得灌溉，旱涝保收，又便利宁波平原的水路交通。樟溪洪水泛滥时，洪水过堰入江出海。它山堰治服二蛟之水[1]，变水患为水利，鄞县人民深感王元暐之德，在它山堰旁的它山之巅建王元暐生祠。立祠建庙，千秋供奉，兴会酬神。

王元暐从一个县令到被朝廷赐庙号，被皇帝封为“侯”，随着他的加官进爵，越封越大，人也随之被逐渐神化了。

① 即大蛟溪、小蛟溪，又名大皎溪、小皎溪。

第二节　与水有关的节庆和民俗

一、它山堰庙会

王元暐兴修它山水利造福于民的功德，自宋以来历代受到褒奖。它山庙会正是依附于遗德庙这一特定的宗教场所发展起来的，并且形成一套系统的宗教祭祀活动。一般庙会所具备的庙宇、宗教、娱乐和商贸要素，在它山庙会中都淋漓尽致地展现出来。绍熙五年（公元1194年），鄞江地区大旱，官府下贴在小溪镇祈雨，乡民获许行使巫术祈求降雨，供大三牲。后来县令魏岘设定三种祭祀方法供乡民选择，“其一，命道士改作三清界醮，一百二十分，以答龙神，并施斛以享堰神。其二，命师巫作三界清醮。其三，用小牲牢三界，卜于龙王及善政侯”。由此可见，鄞江桥一带在南宋绍熙年间就已经普遍祭祀善政侯王元暐。

现在的它山庙祭祀有“三月三”“六月六”“十月十”庙会，统称“鄞江桥庙会”，会期二到三天。

（一）名称的由来

鄞江桥庙会的会名与日子结合得极其巧妙。巧在月为日数，三个日子都是治水要日，次为庙神诞期，如“十月十”为它山堰奠基之期，又是王县令寿诞之日。“三月三”为县令夫人程氏生日，适及堰体竣工之期，妙在会期做会名，又是爽口易记。

据鄞江民间演绎的说法：

这一年即公元831年，十月初十，筑堰的王县令33岁。

生日那天，年轻的县令摆开了筵席，各地方官员、士绅前来道贺，王县令抓住机会，向各方士绅讲述了自己的打算，贺寿的官员、士绅一致赞同。十月初十，王公生辰之日开工奠基，至第三年三月初三，王县令夫人程氏30岁生日，除堰下游南岸的石磡还未筑成外，整个堰体基本完工。

王县令夫人的寿诞，地方官员士绅也来贺寿，王县令于筵席之间，当众宣告它山堰竣工。后世人民为纪念王元暐夫妇，将它山堰开工和竣工之日，定为鄞江它山庙会。

（二）庙会田产

纵观鄞江桥它山庙庙会盛况，自宋、元、明、清封建皇朝，直至民国时期，有其一定的经济基础：自邵家平水潭起至界下共有庙会田二百余亩，其中它山庙庙田六十余亩，其租收入用于庙宇维修，庙会的祭祀演戏等费用均由此开支。其他如伏头会有田二十亩，摇堂会有田六十亩，就如会有田十七亩，河台会有田三十亩。鸾驾会有会器二十四件，因为会器一次性置办后不再花钱，故无会田。其他小会有田数十亩、十数亩不等。有的会有先金积蓄，不足部分也有乡绅乐助和界下弟子兜会解决。

（三）会期

鄞江庙会规格分大、中、小三个档次，各有因由和特色。“三月三”“十月十”庙会以祭祀为主，兼及演戏敬神，“六月六”以群众活动为主，与原“掏沙会”相对应。

“三月三”庙会会期两天，初二初三演戏四台，初三日凌晨上供七牲，供于娘娘庙殿神像前，乡民来庙礼拜、看戏，人山人海，更有市集买卖，场面十分热闹。

“十月十”庙会会期两天，初九日下午开始演戏，此夜戏演至天亮，因时值深秋初冬，摊贩无处夜宿，以戏代被，俗称“被戏”。初十上午祭神，供七牲全副猪羊，由正印官艺人朝服致祭，祭后乡民礼拜、看戏、赶市，热热闹闹。

“六月六”庙会是鄞江桥三个庙会中时间最长、会众最多、项目最全、范围最大的一个庙会。它山堰建成之前，上游经常泥沙淤积，每年需要掏沙清淤，乡民自愿掏沙集会，俗称“掏沙会”，后掏沙会废弃，改为“六月六”庙会。六月初，适及稻花盛开，遂加祈境内丰收之意，又称“稻花会”，与掏沙会正好谐音。“六月六”庙会会期三天，初五下午开始演戏弄会，初六日庙神出殿行会，初七日演安神戏。尤其在初六日出殿迎神行会，保存了万千民众掏沙场面，确是鄞西盛会。

（四）稻花会

“六月六”稻花会是鄞江桥诸多行会之中规模最大、范围最广的一种民间行会。唐宋称掏沙会，明清以后亦称太平会。

稻花会，顾名思义即是稻谷开花时的农闲时节。唐大和年间，它山堰还未建成之前，溪及北溪古港一带，由于洪水冲击，时常沙石淤塞。二蛟之水由樟溪经平水潭直下鄞江，淡水难以蓄积，鄞西梅园、蜃蛟、凤岙、古林等地乡民，受难于用淡水之苦，在“六月六”前后农闲季节自发组织，携带土箕、扁担、沙耙等掏沙工具，到鄞江桥光溪和北溪港二地掏沙，疏通河道，引水洗涤灌溉，附近市畈商贾也纷沓汇集鄞江桥经商营利。久而久之，这里形成了鄞江桥独特的会市，俗称掏沙会。

“六月六”稻花会会期三天，即初五日至初七日。鄞江桥它山庙界下共有四大堡、十二小堡，下有十五个自然村落，每村坊设

一柱首，柱首由各村、各堡推选贤大者充任，并主办庙会及磋商庙界下的一切事宜。

庙会下设十会一社，会又称柱。议事称柱，行会称会，十会一社合起来，就成为一支行会队伍。

现将十会一社及其主司职责介绍如下：

伏头会：专管庙神王令公帽子。

摇铃会：专管庙神王令公袍服。

火符会：专管庙神王令公出殿时的照明器具。

銮驾会：专管神桥前的二十四件仪仗銮驾。

摇堂会：专管庙神王令公神桥起落。

九如会：专管庙会演戏。

河台会：专管官池河雇船演河台戏。

供会：专管上供、爵献、祭祀。

炮担会：专管神桥出殿时的一应火炮器具。

善庆龙会：专管护驾老龙。

铳爆社：专管三眼铜铳驱邪助威。

除铳爆社为句章乡悬慈村所组织，其他十会均为它山庙界下弟子组成。

庙会自六月初五日开始，受益于它山堰和受惠于它山遗德庙的段塘乡民，自动组织百官船三艘，六月初四日由河台会通知，撑船至鄞江桥官池河，初五日开始在官池河中演河台戏。戏剧种类多为徽板戏，名《鸿善剧团》，戏子多为老演员，价钱比较便宜。内中有一扮生演员，演唱时拼命摇头，使劲借助气功而发音，鄞江桥人民有句老话：“老大鸿善徽板，落落动生三。”

六月初五日上午，庙会总柱首台集十会一社各柱首至它山庙议事，安排“六月六”庙神出殿行会顺序、人数等，并各司其职。

六月初五日

午时：王令公神像前焚香上供。

未时：遗德庙庙祝净身沐浴。

申时：菩萨净身，上麻油脸。

酉时：摇铃会上神袍，菩萨换新袍。

戌时：祈祷议程，由当坊名宦、士绅、长者跪祭。

亥时：四方乡民散拜祭祀。

六月初六日

子时：炮担会登地炮鸣响，请菩萨王令公上桥起身。届时由庙祝背菩萨出殿，送进神轿内，伏头会供上神帽（因神帽的二条摭耳为纯金所制，故将神帽最后换上，以防不测）。神轿前有摭板一块，并供上参汤一盏，糕点二色。用白折扇一把，安插在王令公左手，白手帕一块，放在王令公右手。一切准备就绪，殿内外炮声大作，催鄞溪村周家善庆龙会尚化山老龙急速护驾。

丑时至寅时：行会队伍开始启动出发。

现将“六月六”稻花会行会队伍、行会路线及供点概略地作一介绍，供参考。

六月六稻花会行会队伍次序：

令箭一人，在行会队伍之先，通知下一个供点迎接神轿，上供祭祀；后又称报马。

铳爆社三人至四人，放三眼铜铳，沿路驱邪助威。

炮担会紧随其后，用炮仗、登地炮等沿队伍两侧助闹壮威。

吹号二人，唢呐数人鸣号。

舞狮一对，彩球一个。此项盛于清康熙、雍正年间，至乾隆

末期中断。

火篮四盏，会对前导。并另有一个肩挑松油爿担，为火篮添加燃料。

旗锣二面。乡民四人肩抬旗锣，为王令公鸣锣开道。

大红莩荠灯四盏，蜡烛点燃，为王令公照明。灯围标有“郑县、正堂、肃静、回避”字样。

硬脚牌四块，白底红字，标有“鄮县、正堂、肃静、回避”字样。

皂隶四人，手持水火棍，俗称红黑帽、乌黑帽。

銮驾神轿居中，乡民八人轮流肩抬神轿，其两侧设有二十四件全副銮驾。王令公安坐轿中，右手执扇，左手握帕，红光满面，神采奕奕。神轿两旁彩旗招展，爆竹声不绝。

乡民百姓纷争抢抬神轿，銮驾神轿是整个行会队伍的中心。

紧随神轿后面有摇堂会一人，起名“喝达郎”。

神轿后面皂隶四人，莩荠灯四盏。

善庆龙会尚化山老龙神轿后护驾；原护驾老龙为九节，民国初期改为十二节。

殿后犯人廿人左右，是庙界弟子忏悔、还愿、赎罪等。身穿红背心，悬铜佃（吴方言，多指零钱），穿细的大架、脚镣、手铐，以示罪人之诚心。

末后乡民弟子各式彩灯无数。

另外还有各乡各村客串百姓，持铳炮、彩灯、彩旗相助，热闹非凡。

行会队伍六月初五日夜准备停当，初六日五更三点寅时前出发，四坊百姓争看热闹，通道拥塞。铳炮开路，火篮前路，四个青壮乡民赤膊持火篮狂舞，驱散百姓让道，让行会队伍顺利通过。

令箭已报如松里，郎官第九如会为头供。

行会队伍势如潮涌，郎官第九如会戏班鸣锣闹场，专候神轿。摇堂会喝达郎高唱："善政侯惠王王公站堂——"各皂隶、硬脚牌手、灯手等应呼："诺——"神轿紧对戏台随即停住，如松里乡民弟子即摆设已准备好的净茶、洗脸水、花色糕点四色、时令水果二色，用八仙桌盖好红绸向王令公上供，乡民弟子祭祀，犯人跪拜谢罪；王令公受祭看戏，一炷香时刻祭毕。炮担会鸣炮，摇堂会喝达郎唱诺："善政侯惠王王公摇堂——"各皂隶、硬脚牌手、灯手等应呼："诺——"其声如雷，像衙役喝呼堂威一般。乡民弟子撤供。令箭先行，再报供点龙王堂。

龙王堂朱、王二姓，现居大兴巷街下头南端，即原鄞江卫生院小溪港桥下段。

官池河河台戏通宵达旦，老大鸿善板紧锣密鼓，神轿穿街过官池塘而来，河台戏也随神轿渐移至龙王堂前，徽班戏子旦、丑、生、净，更为卖力，铳炮与锣鼓相应争威，官池河两岸沸腾，乡民狂呼，此为大供点。其供祭方式与"郎官第"供祭相同。以下行会路线和供点依次顺序：

定山桥：小供。

界牌下：大供，有戏。

天胜庙：小供。

百梁桥：社田里鲍家壗路过，无供点。

悬慈庙：小供。

大德里、岗山岭、问水亭路过。

晴江岸：小供。

邵家：小供。

乌头门路过。

周家：大供，有戏。

钟家：路过。

毛家：小供。

光溪村钟祠：小供。

大栲树下：大供，九如会演戏，现址在鄞江镇政府面前。

行会队伍经过路线共有供点十二处，其中大供五处，最大的供点为光溪村大栲树下。

根据各村各堡的经济实力，最多的时候有庙会戏五台。

稻花会行会队伍至下午五时左右到达光溪村上河头大栲树下，王令公神轿由当坊弟子供祭时间最长；行会队伍由当坊供餐。二更前后，王令公回殿，行会结束，邻乡客串炮会、登会回归。稻花会行会路线途经鄞江、洞桥、宁锋、句章四个乡镇，全程约20公里。

六月初七日，官池河鸿善戏班子移至它山庙内演安神戏。

“六月六”稻花会行会整个过程最为热闹壮观的当数抢抬神轿，在江南数省首屈一指。行会队伍神轿还未至境，各堡、各村各族已指派数十名精壮后生在境界线上抢抬神轿，决不允许对方弟子越过界线，如越雷池一步，必会犯众。各方乡绅、各村族长提早吩咐青年后生，尽早尽快抢抬神轿过线，多留神轿在境，多保当坊太平。

按庙会行会规定：此点供毕，下供点境界线迎接神轿。但各村各族为使神轿有多余时间留境，因而引起彼此抢抬神轿，更有不是抬轿青年混杂其间，抢抬神轿。僧多粥少，多有抬不着神轿的，摸摸神轿轿杠，也有自慰之感，来年必有好运。神轿一到二供点交界线上，如现今拔河比赛一样，拖上拉落，进退如潮涨潮落。有时进三步退十步，有时进十步退三步。神轿前进艰难，乡民纷争激烈，更有为此吵架、打架的，有的相互推搡而翻落污沟里和烂泥田里的，有时官府出面进行调停和弹压。此状空前，充分表达了它山庙界下弟子百姓对王县令的敬仰之心。

（五）庙会祭文

1.2009 年庙会祭文

大唐太和鄮县县令王公英灵在天

惟岁在己丑，国庆大典，今届十月初十日，丽日中天，阳春融融，和风习习，鄮城百姓庆典之余，集鄞江之滨，它山之畔，焚清香红烛，奉雅乐鲜花，供刚鬣柔毛，燃火树银花，舞龙狮呈祥，祭祀王公英灵，聊表民众百姓至诚之心。

祭我祖先，赫赫神灵，巍巍业绩。祭我祖先，十数载劳功奠定，筑大堰于鄮城，锁双蛟于幽谷，慑洪兽于大海，镇我山川。

祭我祖先，千余上润禾育桑，布甘露于鄮地，丰五谷于三江，旺六畜于四明，济我苍生。

先祖功德永恒，沐我子孙繁衍，后世昌盛。而今政通人和，太平盛世；商贾辐辏，鱼盐贯集，巷井繁荣，稻果盈市，实赖国家方略，神灵福祉，官民一心，鄞江得以繁荣昌盛，冀吾辈毋忘于过去，展望于未来，传承华夏五千年文明历史，描绘祖国九万里锦绣河山；今公祭先祖于它山，告慰先祖在天之灵，策我民族之振兴焉！

百福全庆　伏惟尚飨

鄞江镇合邑民众百拜

公元二〇〇九年十一月二十六日

2.2012 年庙会祭文

大唐太和鄮县县令王公英灵在天

惟岁暨壬辰，芙蓉朝晖，丽日中天，惠风和畅，祥云缭绕于鄮城，瑞气迂回于鄞江，百姓咸集于它山，红烛双辉照鄞江前程一派锦绣，清香三枝荫鄮城后世万代兴旺；奉清酒醽香茗，供刚鬣柔毛，燃火树银花，舞龙狮呈祥，唢呐高歌，遗德温馨，祭告我一代宗祖王公英灵，聊表民众百姓至诚之心。

祭我祖先王公，十数载劳功奠定，筑大堰于它山，载江河于浑合，积石回澜于鄞江，千古传颂，远绩禹功。

祭我祖先王公，千余年业绩长存，分咸淡于江河，适旱涝于两宜，千年丰碑树鄮城，春秋享祀，片石留香。

祭我祖先童君，劳天命之躯，倾毕生之力，拯鄮城于倒悬，挽鄞江于狂涛，理水患于文澜，佐王公成大业，生当人杰，永享庙食。

祭我先祖十壮士，立精卫之志，存效死之心，捐躯于民众，献身于社稷，理王公以成伟业，留英名而垂竹帛，桑梓百姓铭烙于胸襟，愿先祖十壮士早登极乐，超脱凡尘而入仙境。

而今国泰民安，歌舞升平，民殷邑富，市井繁荣，桃柳相间，鸡犬相闻，实赖国家方略，神灵庇佑，重现大唐盛世，再传太和风情，冀吾辈虑先祖创业之艰辛，锐意进取，荷先祖之积德，致苗裔之蕃昌，继先祖之大业，发扬光大，吉祥开泰。

大礼告成　伏惟尚飨

鄞江镇合邑民众叩拜

公元二〇一二年十一月

二、鄞江礼拜会

它山庙东有报安祠，又称东岳宫，俗称小庙。中室祀钱亿及名宦 20 人；东室祀魏岘及历代于它山堰修建有功人士 13 人。明初形成礼拜会。礼拜会分纸会、正会，二会交叉举办，每年只奉一会，由庙脚自愿结合，推一乡绅为会头，费用临时兜集和向商号摊派。会期在清明前后至春耕前，由签课店占卜择定，出榜通告。会期二日 ，当日在鄞江镇，次日去洞桥、百梁、句章、梅园、蜃蛟等它山堰水利受益 7 个乡村。礼拜会所需会器人员由鄞江镇出。各乡村或净街巷、或结灯彩，各户或备酒菜、或施茶点。

纸会即灯会。以竹篾彩纸做成彩灯，持而结队成会。每次有彩灯千余盏，造型有动物、瓜果灯及宫灯、走马灯、九莲灯和戏剧人物灯等。行会前放烟火合子、火油大炮、檀树大炮、铜铳、爆仗等，行会时则伴以喇叭声，会队长达二三里，于夜间行会。

正会意为正式行会，有会队和菩萨巡游，又因会器均为真人、真马、真物扮饰而又称“真会”。会期两天，头天在镇上，次日去外乡。先由一人骑无鞍马沿村通报，称“报马”，然后会队循序到达。会队有彩马、高跷、鼓阁、抬阁等，边行边表演。神轿前有仪仗，后有十二节老龙护轿，行时以锣、炮助威。鄞江礼拜会绵延 600 余年，至 1927 年鄞县政府禁止迷信活动后，逐渐衰落，至 20 世纪 40 年代末停止。[①]

① 《鄞州水利志》，中华书局，2009 年，第 821 页。

第三节 灌区历史人文资源

它山堰灌区历史人文资源丰富。区域内主要的名胜古迹有古井、古桥、河埠渡口、古寺庙等。同时，灌区内也因它山堰产生了许多历史文化名人。

一、古井

1. 谢家井

位于宁波市海曙区高桥镇岐湖村里大岙自然村，该井位于里大岙自然村后的小山（蛇山）前，井口略呈梯形，用条石砌筑。上底 0.83 米，下底 1.1 米，腰 1 米。井壁呈圆形，内径 0.85 米，用大小不一的鹅卵石堆砌而成，井深 1.85 米。该井井水源自东面的蛇山及地下水，因谢家地处山区，故井水清澈见底，此井一直是当地村民重要水源之一，至今仍在使用，且井水常年不干。

2. 寿峰寺古井

古井位于宁波市海曙区高桥镇岐湖村外大岙自然村的寿峰寺内，该井始建于南宋，原供寺内僧人生活饮食用水。该井井口做法较为特殊，用两块厚达 15 厘米、长 0.93 米、宽 1.86 米的红石板拼就，离井沿 3 厘米处设槽，取水、洗涤时溢出的水沿槽流到外面，不再重回井内。井口呈圆形，直径 0.48 米，井壁呈圆形，用不规则乱石铺筑，内径为 1 米，井深 1.9 米。因该井北面为黄泥山，井水源自此山，长年不竭，且较为清澈，至今寺内僧人仍用作洗刷用水。

3. 杨家井

位于宁波市海曙区高桥镇岐湖村外大岙自然村，据石碑资料反映，该井开挖于清代，民国时期曾对井壁及井券进行修缮。该井井壁呈圆形，内径 0.68 米，用不规则乱石堆砌而成，井口呈圆形，以圈石覆盖。圈石厚度为 0.1 米，井口外径 0.78 米，内径 0.38 米。井口原高于地面，由于今年村级经济发展，村内浇筑水泥路，路基抬高，致使井口同路面基本持平。井水离井口约 1.5 米。杨家井井水清澈，且长年不竭，至今仍是当地村民生活饮用水源之一，对研究当地村落发展具有一定的参考价值。

4. 木莲井

位于宁波市海曙区古林镇俞家村北街 750 号娘娘庙前大殿内，建于清代。因水质清澈甘凉，是制作木莲冻的优质水源，故该井叫作木莲井。木莲井始建年代早，为古时俞家村提供了重要的生产生活水源，具有一定的历史及文物价值。圆形井壁用 16 斤块砖采用菱形码叠至井口，石质井圈高 0.2 米，外径 0.4 米，内径 0.55 米，水深约 2.2 米，井底略有浮泥，该井已废弃不用，但水质仍比较清澈。

5. 何丞相井

位于宁波市海曙区横街镇梅梁桥村何家自然村梅镇亭西侧，清时兵营驻地之南侧，现清兵营地已废圮，梅镇亭及何丞相井仍存，其建筑年代不详。该井井壁用不规则块石叠砌而成，井面石外方内圆，外廓正方形，边长 1.24 米，圆径 0.38 米，井面石上置有井盖石，高 0.34 米，圆形、外径 0.6 米，内径 0.38 米，井底距地面 3.25 米。据村内老人口传：该井北面原建有清兵营寨，为清兵洗涤、饮用之水源。现营寨已毁，井在十几年前村民建房打墙基时被发现，井口上盖有石板，可知该井在地下已埋了整整几百年。井旁原有

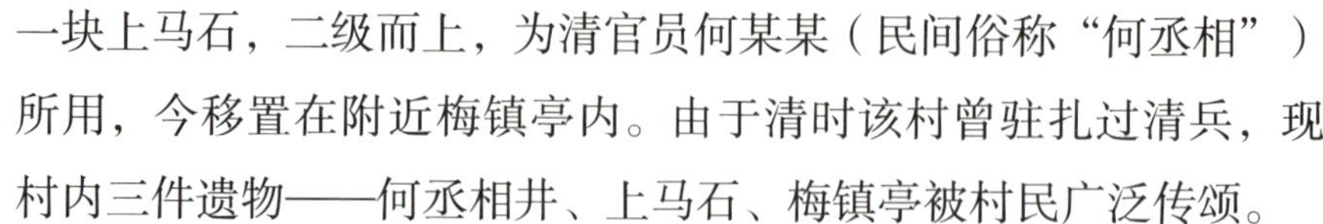

一块上马石，二级而上，为清官员何某某（民间俗称“何丞相”）所用，今移置在附近梅镇亭内。由于清时该村曾驻扎过清兵，现村内三件遗物——何丞相井、上马石、梅镇亭被村民广泛传颂。

6. 鲍家井

位于宁波市海曙区集士港镇岳童村鲍家自然村，新屋的后天井内，清代建筑。圆形井壁用石块叠砌而成，直径约 0.72 米。水深 3 米，石质圆形井圈高 0.3 米，外径 0.41 米，内径 0.33 米，水质清澈，冬暖夏凉。鲍家井为鲍家村唯一的古井，为古时鲍家村村民主要的生产与生活水源。

7. 井亭井

位于宁波市海曙区集士港镇董家桥村井亭张自然村。据记载，明嘉靖（公元 1522—1566 年）年间张姓祖宗从栎社西杨迁来，此后挖了一口井，又在井旁造了一个凉亭。西边有一桥，叫井亭桥，原是当地村民生产生活必经之桥。亭为村民休闲之处，井为村民饮用、生活水源之一。现桥和亭因日子久远分别被毁，村民在原址建造新桥和新亭。但井仍为原物，只不过因旁边建造水泥路，路基抬高，现在原井口上新砌井圈。井壁呈圆形，用不规则乱石堆砌，井壁内径约 0.9 米，井圈直径 0.7 米，井内井水充盈，但由于村民均使用自来水，井水无人使用，且井内布满杂物，现已弃置不用。

8. 裘岭古井

位于宁波市海曙区集士港镇深溪村裘岭顶福星庵西侧，明代古井。该井平面呈椭圆形，东西端略窄，井圈由乱石砌筑，直径 0.6 米，水深约 0.83 米，井水长年不绝。福星庵位于裘岭山顶，僧众生活困难，故于庵西侧建造梯田，并于田下开挖水井，以解决用水问题。该井记录了福星庵在此地的发展过程，具有一定历史价值。

9. 夏湖亭古井

位于宁波市海曙区集士港镇双银村徐家自然村徐凉亭内。井壁呈圆形，用自然块石（较大卵石）砌筑而成，西北两侧各有一块长条形巨石，边长约 1.36 米，深 1.91 米，井底亦由乱石砌筑，略小。圆形井圈为后期重建，高 0.33 米，直径 0.73 米，内圈直径 0.48 米。井水较浅，水质清澈。夏湖亭为硬山顶平屋，单开间，立柱原均为石柱，南侧立柱保存尚好，第二柱柱头卷刹，上置连体栌斗，高 0.16 米。卷刹北侧下设两孔，直径 0.09 米，高 0.13 米，西侧一孔宽 0.07 米，高 0.25 米，内部中通，原为横柠槽孔，据其做法分析，应与该区南宋石牌坊立柱为同一时期作品，故判断该井应为宋代古井。徐家地处山区，水资源匮乏，该井是该村主要水源之一。夏湖亭井历史悠久，从一定程度上反映了该村发展的状况。

10. 得月井

位于宁波市海曙区集士港镇双银村河尽埠头自然村，始建于清代，位于得月亭内。该井圆形井壁由青砖及自然块石叠砌而成，直径 1.2 米，井深达 2.2 米，井券为现代改建，直径 0.48 米，井内水质清澈。得月亭为单檐硬山顶平屋，单开间建筑，五架抬梁。双银村地处山区，水源较为宝贵，掘井取水是当地人们生活所必需。据《鄞县通志》记载，得月井是其中少有的几座古井之一，从一个侧面反映了旧时山区人们的生活状况乃至村落发展状况。

二、古桥

1. 鄞江桥

位于它山堰下游约 500 米处，其前身称“大德桥”，又称“大

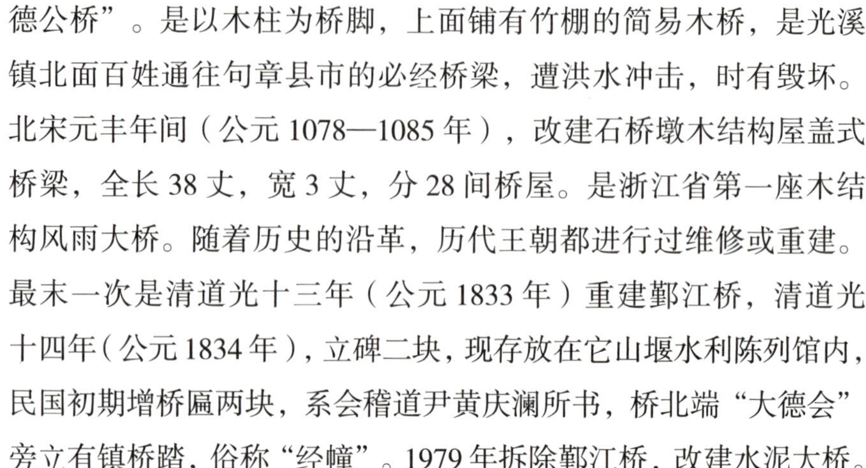

德公桥”。是以木柱为桥脚，上面铺有竹棚的简易木桥，是光溪镇北面百姓通往句章县市的必经桥梁，遭洪水冲击，时有毁坏。北宋元丰年间（公元 1078—1085 年），改建石桥墩木结构屋盖式桥梁，全长 38 丈，宽 3 丈，分 28 间桥屋。是浙江省第一座木结构风雨大桥。随着历史的沿革，历代王朝都进行过维修或重建。最末一次是清道光十三年（公元 1833 年）重建鄞江桥，清道光十四年（公元 1834 年），立碑二块，现存放在它山堰水利陈列馆内，民国初期增桥匾两块，系会稽道尹黄庆澜所书，桥北端“大德会”旁立有镇桥踏，俗称“经幢”。1979 年拆除鄞江桥，改建水泥大桥。

2. 悬慈桥

位于宁波市海曙区鄞江镇悬慈村境内。绀水与清源溪汇合流入鄞江。溪中乱石纷陈，水声淙淙作响，其声如磬，古代文人赏月时，说似“冰鉴悬秋”。此桥始建于宋，民国五年（公元 1916 年）重建，长 20 米，宽 6 米有余，是我国典型的江南石墩木结构风雨桥。桥中间为人行道，两旁设有固定的木凳供路人休憩。桥东堍原有“二圣殿”。传说为祭祀“文武”二圣人，即孔子与关羽。又传说为孔夫子和工匠祖师鲁班。现“二圣殿”已毁，仍残存石柱树根，镌刻对联，其文为：“一部春秋匡汉室，五行辛草利民生。”根据联文之意，“二圣殿”所祈之神，不是民间所传，应为武圣人关羽和医圣人华佗。桥西端为永丰庵，只几步之遥，桥西堍有一对联，其联文为：“地近诗人高尚宅，亭临佛阁永丰庵。”唐朝“四明狂客”大诗人贺知章，隐居时的高尚宅遗址及贺公钓台均在其附近。其他桥联为：“望驼井对孝庙风景依稀，接大岚通剡溪行踪络绎。”“绀水千寻回象麓，飞虹一曲映狮峰。”“入座尽是风尘客，过桥皆成萍水人。”

3. 百梁桥

位于宁波市海曙区洞桥镇蕙江村，2005 年 3 月 16 日公布为省级文物保护单位。百梁桥是一座廊屋式石墩木梁桥，它建筑科学，结构牢固。全桥六墩七孔，长 77.4 米，宽 8 米。桥墩由长方形巨石叠成，长 7.8 米，厚 1.7 米，砌合平整；桥梁由粗大的杉木拼排而成，口径达 40~50 厘米，每排 17~18 根不等，排排交错，组成桥梁整体骨架；桥面是由 5 厘米厚的栗木板铺设，设置牢固；桥两边为厢屋，设有长凳，供路人休息，且桥边有木护栏以保护行人的安全。桥上建有 23 间廊屋，每间宽 3.4 米，立有圆柱 88 根，方柱 44 根。屋式为卷篷顶梁架结构，屋顶为两坡面，上盖青瓦，下势平缓，避免受震。桥堍两头为歇山顶门面，立有 4 条石方柱，梁栋雕刻精巧，悬有黑漆金字桥额，南首为“建桥于宋”，旁立“光溪舆德会记”石碑；北首为“龙眠蕙江”，旁立“奉宪勒石永禁之碑”，均为清时所立。桥屋上原有的龙王殿、三官殿、文武殿、观音殿及土地爷、财神等神龛，于 2002 年由当地群众集资恢复。桥北堍原有经幢石塔一座，1956 年遭台风袭击而倾圮，现存放于天一阁内。 百梁桥的桥梁由 124 根圆杉大木架设而成，故名“百梁桥”。它建筑宏伟，气势如虹，是浙东地区跨度最大、结构完整、历史悠久，而且又是建在有潮汛的大江之上的古梁桥。

4. 唐堰桥

位于宁波市海曙区洞桥镇沙港村唐堰自然村横河与南塘河交汇处，南塘河南岸，重修于宣统元年（公元 1909 年）。唐堰桥平面呈“H”状，东西向横跨横河，为一座单孔石梁桥。该桥桥面长 4.7 米，由 3 块石板构成，桥面两侧设实体栏板，栏板长 4.25 米，宽 0.18 米，高 0.5 米，栏板两侧设方形望柱，以榫卯结构相连。桥面两侧

落坡与沿河小路相通，设石阶9级，阶宽2.12米，长0.38米，石阶两侧设石板护坡。桥墩由石块砌筑，方形收边。桥额位于桥栏两侧，上镌“唐堰桥”三个大字，落款为“宣统元年己酉里人重修”。唐堰桥历史悠久，建桥年代明确，结构稳固，是当地交通发展、宗族发展的历史见证。

5. 南塘河洞桥

位于宁波市海曙区洞桥镇洞桥村桥街自然村与下段自然村之间的南塘河上，据《鄞县通志》记载，该桥始建于宋建隆（公元960—963年）年间，现建筑为清代建筑。该桥东西向横跨于南塘河上，为一座二孔三墩木廊桥。洞桥平面呈H状，木质桥面，桥长24.43米，宽6.31米，桥面上设廊屋七间，抬梁结构，南北进深五架梁，前后双步，均为单檐悬山顶建筑。南北两侧各设木质桥凳与护栏。桥面东西两侧另设桥亭一座，东堍桥亭南北面阔三开间，东西进深四架椽，内设石凳五张，明间设石阶与村中道路及桥面相连，西侧桥亭与东侧类似，无石凳，以三级石阶与桥面相连。两侧桥墩均由条石砌筑而成，与河塘相连，中部桥墩呈船形，北侧较尖锐，迎水面较少，结构稳固，设计科学。南塘河洞桥历史悠久，结构稳固，建筑科学，是古代建桥艺术的结晶，对研究当地交通发展及聚落繁衍具有一定的历史价值，已被列为区级文物保护单位。

6. 鬻仙桥

位于宁波市海曙区洞桥镇沙港村沙港自然村，据当地老人介绍，该桥建于清代，南北向横跨南塘河，为一座三孔两墩石梁桥。该桥平面呈“H”状，桥面长18.5米，宽1.98米，由三块石板铺就，中部微微隆起。桥面两侧设钢质桥栏，栏高1.1米，为后期添建。

桥南侧落坡设石阶0.5米，每级宽0.29米，呈梯形分布，两侧设护坡。桥墩由长石板叠砌而成，略呈舵形。南侧桥墩下设纤道，现已废除。桥额原位于桥面两侧，现已遗失。羁仙桥历史悠久，是沟通南塘河两岸的交通要道，是当地村落繁衍交通发展的实物例证，具有一定的历史价值。

7. 惠明桥

位于宁波市海曙区洞桥镇洞桥村洞桥头自然村上段，惠明江与南塘河交汇处。据碑刻记载，该桥始建于唐代，明正统五年（公元1440年）重建，清同治七年（公元1868年）重修。该桥东西横向跨于惠明江上，为一座双孔石拱桥，桥西旁三米处为碑亭，置碑铺设。惠民桥平面呈“H”状，桥长11米，宽2.88米，由小石板错缝铺就。两侧设实体桥栏，栏高0.43米，宽0.15米，共分五段，每段设望柱，柱高0.58米，石阶两侧为护坡，另置实体栏板。拱券由条石并联错缝砌筑，高4.87米，每孔横跨8米，桥额位于南侧桥栏中部，下部为龙头吻兽，桥额上有“惠明桥”桥名，东侧落款为“同治戊辰至秋里人重建”。碑亭为后期重建，内置石碑四通，由北向南为明正统五年（公元1440年）的《重建惠明桥记》，清同治七年（公元1868年）的《重修惠明桥碑记》《重建惠明桥》《惠明桥助碑》。惠明桥历史悠久，砌筑规整，造型风雅古朴，为浙东现存最早的双孔高拱桥，2002年5月被列为区级文物保护单位，2005年4月被宁波市文广局、宁波日报社评选为宁波十佳名桥。

8. 三望桥

位于宁波市海曙区洞桥镇李家村李家自然村河北，据桥额记载，重建于清咸丰四年（公元1854年）。该桥平面呈“H”状，东西向横跨仲夏港河，为一座三孔二墩石梁桥。桥长10.77米，桥

面由三块石板构成，宽 1.67 米；桥面两侧设实体栏板，栏高 0.5 米，宽 0.21 米，每侧施望柱四根，柱高 0.59 米。两侧落坡与村中道路相连，桥墩由条石叠砌而成，迎水面呈“船”形。桥额位于中部桥栏两侧，阴刻“三望桥”三个楷书大字，上下落款分别为“咸丰四年仲冬”及“德和堂陈□重建”。三望桥格局完整，结构稳固，建桥年代明确，具有较高的历史价值。

9. 鄞州高桥

位于宁波市海曙区高桥镇高桥村上街自然村，始建于北宋，南宋宝祐四年（公元 1256 年）冬由大制使判府事吴潜重建，现桥为清朝光绪八年（公元 1882 年）重修。该桥为一座单孔石拱桥，以高大得名。宋人袁商《重建高桥记》谓：“桥横跨西塘河北岸，南通晋家桥，北通大西坝村，自昔由杭、绍来宁为必经之路。”高桥全长 28.5 米，面宽 4.68 米，拱洞跨 10.3 米，孔高 6.8 米，并筑有 1 米宽纤道。洞高、孔大是它的特点，有“船舶过往而风帆不落”之说。桥洞上方两侧各有石匾一方，北刻“指日高升”，南刻“文星高照”。在南北两边各有对联一副，南联是“巨浪长风，想见群公得意；方壶圆桥，都从此处问津”。北面一联，因年代久远剥蚀不清了。桥的两头各有伸出的鳌头雕饰。桥栏间置双覆莲望柱，其顶端设云彩纹抱鼓石，整个桥体中心窄、两头宽，呈菱形透视，给人以稳重雄伟之感。 高桥历史悠久，文化底蕴深厚，经历代修缮仍保持原有风貌，曾被评为宁波市十大名桥，1982 年 6 月公布为区级文物保护单位。

10. 芦港新桥

位于宁波市海曙区高桥镇芦港村，始建于明洪武十九年（公元 1386 年），万历四十七年（公元 1619 年）重建。 该桥南北走向，横跨于鄞西后塘河两岸，全长 30.6 米，桥面宽 4.6 米，拱洞跨度 10.44 米。南北两桥堍呈“八”字形，北堍宽 5.7 米、南堍宽 6.77 米，各设踏跺 32 级。桥两边均设浮雕荷叶纹栏板，破坏比较严重。其中有四块栏板为素面，疑后补所为。栏板间置双覆莲望柱，下设云彩纹抱鼓石。桥拱北边置有纤道，道宽 1.46 米，现上覆水泥。桥洞上有桥额，上书“新桥”两字，上款“洪武丙寅始建”，下款“万历己未重建”。该桥重建迄今已有 400 年的历史，且雕刻精细，风格古朴，并有确切纪年，是海曙区有价值的古桥梁之一。

11. 平板桥

位于宁波市海曙区高桥镇。该桥为较普通的平梁石板桥，上置四块条石板。由于该地处于大西坝而来接后塘河的主水道，古时官船频繁进出折转之地，所以在此设计成一个大港湾，以便大型官船转折畅通，故此地设置的多种功能综合运用的水上和陆上配套设施，有一定的水利历史文化价值。该桥置于夹塘桥的南段，虽为人行之道，但它的主要功能作用于流水畅通，可减轻夹塘石堤的阻力负荷。

12. 塘南桥

又名望湖桥，位于古林镇郭夏村下郭奋自然村，建于光绪乙未年（公元 1895 年）。该桥为东西走向，南北横跨南塘河支流之上，桥面长 4.5 米，宽 1.72 米，为一座单孔石梁平桥，桥面用三块长条石铺砌而成，南面桥栏板镌刻有“里湖桥”三字，桥东堍台阶已改为石板陡坡，桥西堍设 5 级台阶，桥脚则用石块叠砌而成。塘南桥建造纪年确凿，构造牢固，保存尚好，具有一定的文物价值。

13. 九狮桥

位于宁波市海曙区古林镇古林村古林自然村北街，正对黄古

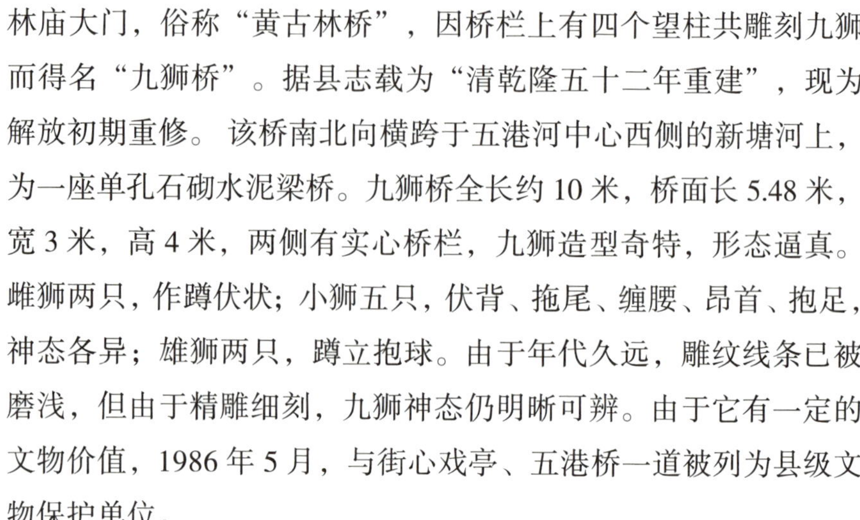

林庙大门，俗称“黄古林桥”，因桥栏上有四个望柱共雕刻九狮而得名“九狮桥”。据县志载为“清乾隆五十二年重建”，现为解放初期重修。该桥南北向横跨于五港河中心西侧的新塘河上，为一座单孔石砌水泥梁桥。九狮桥全长约 10 米，桥面长 5.48 米，宽 3 米，高 4 米，两侧有实心桥栏，九狮造型奇特，形态逼真。雌狮两只，作蹲伏状；小狮五只，伏背、拖尾、缠腰、昂首、抱足，神态各异；雄狮两只，蹲立抱球。由于年代久远，雕纹线条已被磨浅，但由于精雕细刻，九狮神态仍明晰可辨。由于它有一定的文物价值，1986 年 5 月，与街心戏亭、五港桥一道被列为县级文物保护单位。

14. 五港桥

位于宁波市海曙区古林镇古林村古林自然村南街西侧，于 1869 年重修。东西向横跨五港河，为一座三孔两墩石拱桥，因桥建于五港（即河）的汇合处，故名。桥全长 20.6 米，孔跨长 2.7 米，宽 2.1 米，桥面两侧设椅背状桥栏，高 0.51 米。桥拱由条石砌筑而成，中孔跨 5.9 米，矢高 3.98 米，边孔跨 3.8 米，矢高 2.5 米，两堍各有踏跺 18 级，桥堍四端各置形态各异的石雕坐狮，桥身中两侧镌“五港桥”额，边款为“清同治八年重修”，旁有伸出的鳌首。1986 年 5 月，与街心戏亭、九狮桥一道被列为县级文物保护单位。该桥纪年明确，结构稳固，做工精巧，有较高的文物价值。

15. 镜湖桥

位于宁波市海曙区集士港镇横港村里漕自然村，根据桥额记载，建于清嘉庆年间，东西向横跨村边的小河上，为单孔石墩平桥。该桥全长 9.2 米，桥面宽 1.2 米，用长为 3.4 米的单块巨石铺筑。两边施桥栏，桥栏高 0.4 米，厚 0.1 米，由长 3 米的条石横卧而成，桥栏四角是榫卯结构的柱头，桥栏外侧刻有“镜湖桥”三大字，右边落款“嘉庆丁丑岁次”，左边落款为“南吕乐，闻氏、配氏重修”。因日久天长，石板部分风化，部分字迹模糊不清。桥面东西两侧设石阶，为五级，现西边保存较好，东侧全毁。桥墩用不规则的条石错缝铺筑。镜湖桥总体格局保存尚好，具有一定的历史价值。

16. 回澜桥

位于宁波市海曙区集士港镇董家桥村井亭张自然村，该桥东西向横跨在村边的小河上。为单孔石墩平桥。桥脚（墩）用不规则条石错缝砌筑，桥面两块长条石铺就，宽 1.3 米，长 3 米，两边设桥栏。桥栏用高 0.38 米、厚 0.17 米、长 3 米的整块条石，栏四角设榫卯结构石柱，并用铁板浇筑，使之更加坚固。现铁板已腐烂。桥栏两边分别阴刻繁体“回澜桥”三字，其中南边桥栏“回澜桥”两边各有落款、时间，但因石质风化，已无法辨别。桥面东西两边分别设踏级，各五级，石级两边设垂带，桥全长 12.4 米。该桥东边原有一祠堂，原是当地村民祭祖及进出村内外生产、生活的必经之路。

17. 塘西永安桥

位于宁波市海曙区石碶街道塘西村像鉴桥自然村西南侧，建于清道光七年（公元 1827 年）八月，南北向横跨于村边小河上，为一座单孔石墩平梁桥。该桥平面呈“H”形，桥面全长 4.21 米，净宽 1.37 米，桥面由两块石板构成，桥面板有木梁承重，两侧桥墩由条石砌筑，方角，石质较凌乱，桥面两侧设实体栏板，宽 0.2 米，高 0.44 米，两侧设圆角望柱，高 0.51 米，边长 0.25 米。桥南北落坡呈喇叭状，原为石板现均已改为水泥地。桥栏板外侧阴刻楷书“永

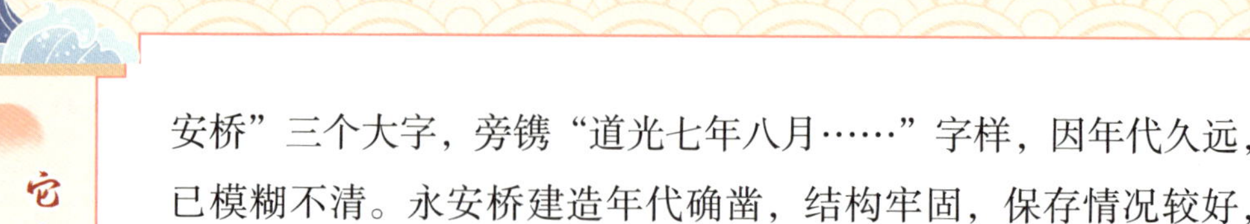

安桥”三个大字，旁镌“道光七年八月……”字样，因年代久远，已模糊不清。永安桥建造年代确凿，结构牢固，保存情况较好，具有较高的历史价值。

18. 行春桥

位于南塘河与马颈河出张家漕河的格家漕河上，主要是石碶老街的原交通桥梁，今已改之，加宽为行车、行人之通途。该桥为东西跨平梁石桥，原有桥梁条石四块，现加置三块水泥板，二侧设石栏板，外侧刻额“行春桥”双构线。有上落款，已模糊不清。桥二阶原有各八级，桥脚采用长条石错缝砌筑。桥栏于桥墩之上设锁石，以榫卯结构相扣。

三、河埠渡口

1. 楼家埠头

位于宁波市海曙区洞桥镇洞桥村洞桥头自然村，南塘河北岸，根据村民反映，该建筑建于清代。河埠东西向横卧于南塘河北岸，平面呈“上”字形，共分两层，均由条石及长方形，其中下层平台已没于水中，上层平台由三块石板铺就，两侧各设石阶六级，每阶长宽不等，均没于水中，北侧另设石阶十级与河边小道相连，其中第一、二阶较宽。楼家埠头格局完整，结构牢固，原为楼姓家族专用，是楼氏后裔在此繁衍的实物例证，具有一定的历史价值。

2. 翁信房埠头

位于宁波市海曙区集士港镇翁家桥村翁家桥自然村，据石碑资料反映，该埠头建于清代。该建筑平面呈长条状，南北向横卧于翁家河西岸。该埠头共分上、下两层，以石阶相连，均长条形，上层平台长 2.86 米，宽 1.17 米，下层平台与上层规模相同，之间设石阶六级，每阶宽约0.32米。整个埠头以长石板为基，底部以块状石米填充，上部也以长石板覆盖。河埠东南两侧设有小孔若干，平时供船舶停靠之用。翁信房河埠格局完整，结构稳固，用材规整，河埠东侧尚保有埠额，上书“翁埠房河埠”，对研究当地村落发展具有一定的参考价值。

3. 九房埠头

位于宁波市海曙区石碶街道东杨村东杨自然村元六房，根据当地杨氏祠堂结构和当地居民调查分析，其先祖起于明朝，所以埠头应于明朝始建，是杨氏繁荣生息的实物佐证。埠头右侧呈“T”字形，左侧施石阶而下，根据水位始终保持洗涤处的水位线，由于当地人口不断发展，埠头也随历代维修改变。埠头右侧之上有古樟一棵，传说由当地上辈太公所栽，已有132年树龄，树南侧有石鼓凳一只，应为民国墓前移来。

4. 罗家漕渡口

位于宁波市海曙区洞桥镇罗家漕村罗家漕自然村北边，是连接罗家漕和唐家堰过后门江的南北古渡。古渡岸上分二层，与路面相接处由长条石铺就，宽为3.5米，长约2米。其下与河面连接处由石板铺筑，长为13米，宽约2米。再以下伸入河面处均用石板斜面铺筑，以方便渡船靠岸。该渡口岸上靠西处原有一木结构渡亭，供渡客休憩，现原渡亭已毁，在此基础上建起水泥渡亭，在亭内供奉土地神。在潘沙大桥建造前，该渡口原是当地村民过后门江往北进洞桥的必经之路，过往行人繁多。20世纪90年代初，该渡口尚在使用，后由于河上建桥，渡口逐渐冷落，现已废圮不用。

5. 洪陈渡

位于宁波市海曙区高桥镇民乐村后山自然村，是姚江边上沟

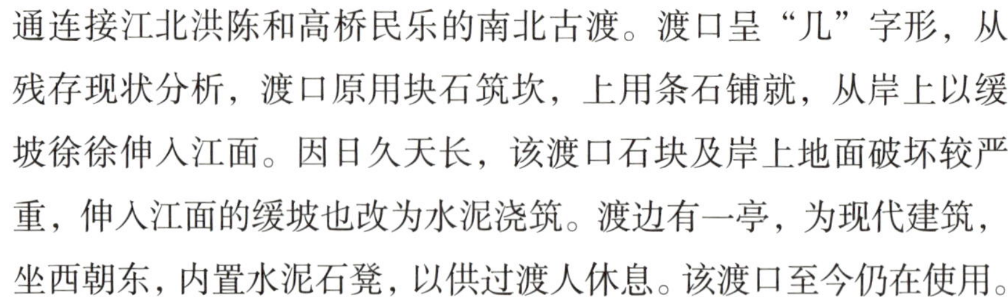
通连接江北洪陈和高桥民乐的南北古渡。渡口呈“几”字形，从残存现状分析，渡口原用块石筑坎，上用条石铺就，从岸上以缓坡徐徐伸入江面。因日久天长，该渡口石块及岸上地面破坏较严重，伸入江面的缓坡也改为水泥浇筑。渡边有一亭，为现代建筑，坐西朝东，内置水泥石凳，以供过渡人休息。该渡口至今仍在使用。

6. 钓鱼山码头

位于宁波市海曙区高桥镇民乐村马车桥自然村，建国初期所建。外形呈长方形，宽 5.11 米，基础由乱石砌筑，上覆煤灰，紧临钓鱼山，原为钓鱼山采石场运送石料所建。依靠着紧临姚江的便利条件，钓鱼山采石场一举成为当时宁波产量较大的采石场之一。经多年开采，现钓鱼山石料逐渐枯竭，该码头逐渐被废弃。钓鱼山码头作为运河沿岸重要的交通运输设施，见证了运河航运的兴衰变迁，具有一定的历史价值。

7. 石子道头渡

位于宁波市海曙区高桥镇望江村夏庄自然村，是沟通姚江、连接江北庄桥和鄞州高桥的东西渡口。该渡始建于民国二十三年（公元 1934 年），因建造者用石子铺就了一条通往渡亭的小路，故名。该渡口渡程长 230 米，原渡口建筑现已改为现代水泥结构，岸上有渡亭，面宽 7.3 米，进深 3.9 米，内置石凳以供行人休憩，亭四周墙面现为砖混结构，亭内地面用石板铺就。亭东南建有一石桥，为渡口的必经之桥，桥脚用条石砌筑，桥面用两块条石铺就，两侧设实体桥栏，两桥栏外侧分别书有“福寿桥”三字，桥高 1.5 米，桥面宽 2.5 米，长 7.7 米。桥下原有小河，现已衍塞。石子道头渡始建年代明确，且亭、桥、渡的组合保存较好，是姚江两岸重要的渡口之一，对研究姚江运输发展具有一定的参考价值。

8. 石马塘码头

位于宁波市海曙区古林镇。石马塘码头可以在驳岸老埠中反映出它的悠久历史，因该地是四港交汇的水阁地带，岸上有老街、庙宇、道观、水搁墩、民居、古桥、土地堂等，水系发达并给当地带来了繁华的景象，是宁波西乡知名的草席集散地之一，所以河岸老埠有许多系船孔，反映了当时码头的繁华历史。从河坎“丁”石砌筑方法看有明代特征，特别是这里曾是明代吏部尚书闻渊的故乡并有“尚书桥”即“石马塘”桥，桥于嘉庆二十一年（公元1816年）重建，因地处沟通两岸的主要交通，故早已有桥，且闻尚书于弘治十八年（公元1505年）中进士，从这里走向朝廷，所以应该于当时已成为一处繁华的草席集散地码头。黄古林草席起源于汉代，有悠久的历史，解放初期它已是周恩来出国访问的国礼了。推测目前码头应是明代的遗物，而上覆水泥于2000年始后，不断加以固定。可见这里历以水系的重要地位，成为当时驳岸繁荣之景，由目前尚存的许多系船石孔可知船只停靠的繁华景象。据当地老人口述，原在这里开阔的庙前岸上为席行基，即卖草席产品的地方。茶亭北侧为水阁墩，即观赛龙舟的地方。该地原为闻江岸村，约2004年并村后，闻江岸村以桥为界，东为仲一村，西为蜃蛟村。目前仲一村一边石堤驳岸保存较为完整，蜃蛟村一边驳岸翻新较为严重。

9. 仇家渡

位于宁波市海曙区石碶街道仇家自然村的西南面，始建于明正统七年（公元1442年），是宁波到西坞的一个重要渡口。整个渡口宽达15米，位于奉化江西南岸，江对岸则是姜山翻石渡村，东北面则是一座方便过客歇息、避雨、遮阳用的凉亭，通过一条水泥小路与奉化江岸相连。该凉亭从明代始建至今，历经无数次的维修，主体梁架结构仍保存得比较完整，亭内的石凳、柱子均为明代遗物。亭子面宽三间，明间为五架梁，抬梁式结构，次间则是穿斗式结构。亭内还供奉有土地公公和土地婆婆，寄予了人们保佑平安的愿望。目前随着陆上交通工具的发展，水上交通已失去其原主导地位，原有客轮不再在该渡口停靠，它仅仅作为连接奉化江对岸姜山翻石渡村和仇家村的过河渡口，具有一定的历史价值。

四、闸坝

1. 大西坝闸

位于宁波市海曙区高桥镇高桥村大西坝自然村东侧，修建于1958年，南北向横跨于大西坝西侧。该闸主体为一单孔水泥闸，全长4.66米，宽3.28米，电动启闭，上部为闸屋，设14级台阶；闸南侧为原管理办公室，两开间两层楼房，现已废弃。大西坝闸是控制姚江与大西坝河水位的重要水利设施之一，是内河船舶进出姚江的必经之路。目前，因内河航运重要性降低，其重要性也随之降低。

2. 钓鱼山节制闸

位于宁波市海曙区高桥镇民乐村马车桥自然村钓鱼山东侧，北临姚江，是一座控制姚江与岐阳一带内河水位功能的节制型闸门。该闸为砖混结构建筑，闸门前后两侧河岸以块石砌筑喇叭状河堤加固。整个碶闸分上下结构，上为螺杆启闭室，下为闸门，启闭室北侧设阶梯，碶闸西侧另架石梁桥一座。钓鱼山节制闸为新中国成立初期典型建筑，为研究新中国成立后该区水利设施发展情况提供了实物例证，具有较高的历史价值。

3. 五洞闸

位于宁波市海曙区高桥镇民乐村姜岱自然村北部，鄞州与余姚交界处，建于 1954 年 9 月，东西向横跨于大隐河之上，为一座 5 孔 4 墩石混闸。该闸由碶闸本体及两座闸桥组成。本体长约 11.52 米，宽 0.6 米，两侧闸桥与本体同长，桥面分别为 2.72 米和 1.36 米；桥面两侧均设有实体桥栏，施望柱 6 根。五洞闸两侧入口均呈八字形，两侧堤岸由长条石砌筑而成，底部设有防冲护坦；四座桥墩均为船形墩，北侧较尖锐；闸门由五道水泥预制板构成，每孔长约 2.86 米，闸屋位于闸门上部，为 20 世纪 70 年代所建，内置启闭装置。五洞闸建造年代明确，为姚江南岸重要水利设施之一，是鄞州、余姚两地的天然界桥，长期承担着调节内河与外江水位的任务，具有较高的历史价值。

4. 章浦闸

位于宁波市海曙区高桥镇岐阳村下边自然村西侧，建于 20 世纪 50 年代，东西向横跨于下边河上，为一座单孔混凝土碶闸。该闸本体长 4.28 米，钢筋混凝土闸门，闸孔宽 2.77 米，电机启闭，两侧入口均呈八字形，条石砌筑；碶桥位于闸门北侧，与闸通长，宽 3.64 米，北侧设实体桥栏，栏高 0.24 米。章浦闸北眺姚江，主要负责调控下边河水量，是姚江沿岸重要的水利设施之一。

5. 邵家渡碶闸

位于宁波市海曙区高桥镇梁祝村张家自然村，堰江河与姚江的交界处。该闸兴建于 1966 年，为钢筋混凝土扳闸门，双孔，总孔径 8.14 米，闸东边设水泥楼梯，可登楼，内置电动、手动两用螺杆。碶闸两边设桥栏，栏中间分别书有“邵家渡碶闸”字样，落款为“望春区水利会”和“1966年7月建”。该碶闸至今尚在使用，调节内河及姚江水源，防洪排涝，灌溉农田，排水量为60立方米每秒。

6. 凤岙溪碶闸

位于宁波市海曙区横街镇凤岙村凤岙溪上，清代建筑，东西向横跨于凤岙，拦水坝略高于水底，起延缓水流作用。碶闸位于拦水坝西侧，闸高0.6米，由两座石柱构成，闸宽0.3米，两道闸门。碶闸东侧为一河埠，南侧为板桥。凤岙碶闸位于东西村交汇处，主要承担调节东西村小溪水量，现已废弃，对研究凤岙老街发展有一定的参考价值。

7. 大西坝

位于宁波市海曙区高桥镇高桥村大西坝自然村北面，是控制大西坝河与姚江之间的水流之坝，位于杭州至宁波的水路要道上，也是旧时官船进出的必经之堰坝。大西坝经历代改造，还残留着宋代和清代的石坎，及近现代的船坝和矸闸，此坝坐西向东设置于“丁”字河口上。北侧在古代为泥坝，过往船只以人力过渡到畜力牵引过坝，至20世纪60年代末才改建成有轨电动过坝，现仍留有遗迹。南侧已改成碶闸，既可蓄排，又可与西侧碶闸形成放水船闸，成为水利设施。闸为螺杆式起动闸，上是架空阁楼，内有起杆盘，为砖混结构，下制碶闸，二道闸槽亦为水泥浇制，现用水制闸板于内道、外道作备用，以防漏水。其二坎为条石错纹砌作，东侧成喇叭口状通往姚江，闸与坝之间是混凝土浇成鱼嘴状，闸内外都为喇叭口状，外大于内，坝的北侧有工作台，并排于东侧为办公楼用房，现已废弃另用。大西坝为研究古代水利工程提供了实物例证，具有一定的历史价值。

8. 大西坝翻水站

位于宁波市海曙区高桥镇高桥村大西坝自然村东部，姚江西岸，南北走向，由翻水站、暗渠、明渠三个部分组成。该站始建于1962年，1987年重修。1962年建成时，主体建筑为一排一层平房，内部以皮带式传动电机为主，电机功率较小；1987年，鄞县水利局对其进行重新修缮，将原建筑改建为2层楼房，安装新的轴流泵，总装机容量扩大至800千瓦，日换水量达70万立方米。后因经济发展需要，原导流明渠被改建为暗渠，原出水口被废弃。大西坝翻水站是当时姚江边重要的换水设施之一，对调节内河与姚江水量、灌溉鄞西地区中7万亩农田有着十分重要的作用，虽在皎口等水库建成后，此功能有所减弱，但仍能发挥一定的排灌作用。

9. 石塘碶闸及碑记

位于宁波市海曙区高桥镇石塘村，清代遗物。石塘碶闸为石砌4孔桥式建筑。全长9.65米，宽3.5米，闸门中孔3.35米，两旁各为2.65米，既桥又闸，上建亭子廊屋三间。桥面两边设栏板，南栏上刻“大碶闸”三个正楷大字，左上款“鄞西隅七乡士民重建”，右下款“道光丁未岁季春日”，北栏下即为开启闸门。可惜该碶河道于近年被村委会因改道路而毁。桥屋内有石碑三通，“重修石塘大碶碑记”高2.14米，宽0.99米，“前明修复石塘大小碶闸记略”碑，高2.08米，宽0.96米，由宁波知府撰文，里人张恕篆额，陈掌文书丹，详尽记述了碶闸效益、建造纠葛及宁波府调处意见等。石塘碶闸古时为歧阳河与姚江之间排涝阻咸、蓄淡的重要碶闸，而由于歧阳河道加宽兼加姚江边另建新闸等原因，现已无实用价值。

10. 泥峙堰

位于宁波市海曙区横街镇溪下村赵家庄自然村剑峰山下，原为四明山第二大水利屏障，是一座用于阻碍庄家溪之水，以阻洪蓄淡分流为目的的滚水坝。早在古代约齐梁间就采用泥坎堰的形式于此筑坝，并经历代人民的不断改造、修缮，约于民国时期，将原来的土堰改建成全石结构的石坝，并形成了砌闸等多功能的各种配套水利设施。现存大坝呈梯形，南北向横跨庄家溪，长约 45 米，宽 2.68 米，东侧为阶梯的多阶石级，主要是起牢固作用，北侧设明暗梁溉水以北并配闸门。泥峙堰历史悠久，是该区最早的大型水利设施之一，对研究该区水利发展具有较高的参考价值。

11. 清垫夹塘

位于宁波市海曙区集士港镇，为古代广德湖水利配套设施之一，主要用于分割内湖与外河，由泥土夯筑而成，与现在东钱湖的平水堰、塘相同。现存夹塘平均宽约 2~3 米，由集士港镇一直延伸到古林镇，是广德湖仅剩的水利设施之一。广德湖约建于晋梁之间，唐后改称广德湖，宋时楼异在此围湖造田，夹塘逐渐废弃。清垫夹塘作广德湖在现代仅有的遗址之一，为研究广德湖的历史提供了第一手的实物例证，具有较高的历史价值。

12. 屠家奔碶

位于宁波市海曙区石碶街道黄隘村屠家奔自然村，1963 年，建石碶桥二体总宽 7 米，长 10.8 米，钢筋混凝土板。南塘河水部分分流至奉化江，起着排涝泄涝、泄洪和阻咸蓄淡的作用，是它山堰下游配套工程之一。

13. 地下水库

位于宁波市海曙区鄞江镇金陆村金陆自然村西面，始建于

1957 年，是为了迎合当时“大办钢铁，大办农业”形势的需要而修建的地下水库。该水库长达 20 米，宽 3 米，水深 1.5 米。水库先用泥垅作壁，然后在泥垅外面又砌了一层石嵌。在水库的出水口上层，用几根长 3.3 米的大木架在水库两侧，上铺铁丝狼光草，然后又铺少砾层，在少砾层的上面又砌了一层边长约 2.5 米的正方形石嵌面，在石嵌上做了一个直径为 0.35 米的井口，即地下水库的出水口。20 世纪六七十年代，在其旁边修造了一座水泵站，水泵站旁挖有一沟渠，水泵从地下水库抽水至沟渠内，水向东经过金陆村村中心，作为当地村民的生活与生产水源，灌溉着金陆村的大批农田。如今，水泵已改为电力抽水，代替老式的柴油泵，但该地下水库仍然与往日一样发挥着巨大的作用。

五、古寺庙

1. 悬慈庙

悬慈庙古称孝子庙，又称鲍德庙。相传因北宋末有一孝子张无择背娘乞讨而得名。宋淳熙五年（公元 1178 年），里人刘太公出资修建悬慈庙。清乾隆年间，里人鲍光享修建悬慈庙。宋大中祥符九年（公元 1016 年），它山庙开庙庙祝，法号悬慈，将它山庙庙筹资金多余部分用于筹建孝子庙，对原庙基进行扩建。当地人民为纪念庙祝悬慈，将庙改称悬慈庙。当时的市集也已经北移，久而久之，也改称悬慈[①]。悬慈庙原有前殿二道门，上镌庙匾两块，上首门悬匾“鲍德庙”。下首门悬匾“刘德庙”。这可能与鲍刘二姓皆有上代先人筹建悬慈庙有关，也可能是为了纪念刘太公和

① 悬慈，古称句章乡，唐朝时是县城的贸易集市，周边乡民前来赶集，所以也称之为“县市”。

鲍光享而创立。后殿大门悬匾一块，上书“孝感动天”，主要是纪念孝子张无择，至今已有近千年的历史了。

2. 禅岩寺与燕山庙

禅岩寺位于宁波市海曙区鄞江镇禅岩村东，以天然岩洞为寺基，洞之西首建禅岩寺；东端建燕山庙，亦称童君庙，祭祀唐大和七年(公元833年)建造它山堰的有功之臣鄮县丞童义，寺庙并立。

3. 云石庵

古称云中禅寺，位于宁波市海曙区鄞江镇晴江村东南方向的王杜岙山中，以天然岩洞为庵基，庵内现存清乾隆四十年（公元1775年）岩庵碑记石碑一块，洞口有两株两百余年的枇杷树和一株樱桃树，洞内滴水成潭，清凉宜人，是理想的憩息和旅游胜地。

4. 冷水庵

冷水庵位于宁波市海曙区鄞江镇光溪村毛家宝峰山脚，始建于明初，是它山遗德庙的分脉。明清二代称宝峰寺，民国二十六年（公元1937年）改为冷水庵，始持女僧，属临济派分支。冷水庵原格局与其他寺庵有异，天王殿前围墙，门开二道，东首门为“朱天君庙”，祭祀明末思宗皇帝朱由检，西首门为“冷水庵”，均为石刻镌名。冷水庵作为庵庙并立的佛教圣地，极为罕见。原庵分前、中、后三殿，东西两厢房。至20世纪六、七十年代，尚存中殿残屋一栋及两厢房。清康熙八年（公元1669年）里人重修冷水庵，雍正八年（公元1730年）又修。现残存殿屋是清咸丰七年（公元1857年）所留古迹。1992年以后，住持释成德发动俗家弟子及乡民百姓再修冷水庵。修葺后的冷水庵保留原有风格，增塑千手千眼观音及伽蓝佛身。其中卧佛身长六米有余，是浙东地区各寺院最大的佛身之一。山门前首对联：“四明胜地应推尚化名山，三江禅林当尊冷水古庵。”山门后首对联：“越群独秀古刹仰宝峰，四明一绝莲蓬涌寒泉。”冷水庵北连宝峰山，古木参天，庵前冷水池水清见底，四季清凉。大雄宝殿下有冷水孔，每年盛夏，未近洞口，冷气扑人，且冷水长年不断，冷水庵因此而得名。清乾隆后期，主持僧种植黄杨二棵，至今郁郁葱葱，树冠已达四米左右，是本省内非常有价值的名贵古树。冷水孔旁有清光绪三十年（公元 1904 年）三月望日所立永禁碑一块，仍保留完好。现冷水庵是鄞江镇镇级文物保护点。

5. 凤山寺

凤山寺又名凤山院，位于宁波市海曙区鄞江镇光溪村北端约 2 公里处，古寺基位于光溪村御史坟墩，明末因火灾，寺址迁于该处。寺院造型别致，东面仰瞻大佛山，其门柱对联为：“依它山雄姿，华表森森，光前裕后；仗鄞江伟势，佳城郁郁，春茂冬荣。”

6. 梁山伯庙

又名义忠王庙、梁圣君庙。位于宁波市海曙区高桥镇邵家渡村江岸。传说梁山伯为东晋永和间鄮县令，葬于此。晋安帝隆安年间（公元 397—418 年），句章成将刘裕奏封梁山伯为义忠王，令有司立庙。宋知府李茂诚有记，明知县魏成忠有碑记。旧有“若要夫妻同到老，梁山伯庙到一到”之说，故每逢三月初一神诞和八月十六神忌，敬神演戏，热闹非凡。梁山伯与祝英台的故事广传民间，全国有梁祝墓 7 处，但庙仅宁波 1 处。据宋李茂诚《义忠王庙记》载，梁祝为同学，私有婚约，山伯为鄮令，死后葬鄞西，英台适马氏过墓边，为风涛所阻，闻知有山伯墓，哭祭，地裂而入。晋丞相谢安奏其墓为“义妇冢”。庙原由头门、戏台、正殿、厢房等组成。正殿直匾“义忠神圣王庙”，内塑梁山伯坐像，峨冠博带；祝英台凤冠霞帔坐右侧，两厢为书僮、丫环，各担书箱、食盒。后殿为梁祝寝宫。庙西侧有梁祝合葬冢，石碑书“敕封梁圣君山伯之墓”，庙前有百龄路、夫妻桥等。20 世纪 80 年代后，当地群众集资修复梁山伯庙及附属古迹，成为鄞西一旅游点。①

六、历史名人

1. 王元暐

山东琅琊人。唐大和七年（公元 833 年）以朝议郎出任鄮县令，其为人俭约敦朴，为官清廉刚正。他以勤俭诫游惰，以诚实崇孝慈，境内贪暴者敛迹，孤独者有依。上任之年，考察地形，修筑它山堰，疏治小江湖，又在南塘河上建造乌金、积渎、行春三座碶闸（即今上水碶、下水碶、石碶），使鄞西形成一个完整的水利系统，启闭蓄泄，应时而变，鄞西七乡数千顷农田地得以灌溉。乡民念其功德，立祠以祀。南宋乾道四年（公元 1168 年）七月八日赐其祠庙为“遗德”，即今它山堰旁之它山庙。宝庆三年（公元 1227 年），王元暐被敕封为“善政侯”，清嘉庆六年（公元 1801 年）封“孚惠侯”。

2. 龚行修

北宋崇宁元年（公元 1102 年），龚行修以宣议郎为鄞县令，因它山堰上游淤沙，水流散漫，堰身渗漏，由他主持整修，加固加高，易土以石，并冶铁而固之，使“潦不至淫、旱不至涸”，循循劝民，一时诵之。

① 《鄞县志》下，第 1641 页。

3. 魏岘

鄞县鄞江光溪（今属宁波市海曙区）人，生卒年月不详，从生平事迹看，约生于淳熙中（公元1174—1189年），卒于宝祐中（公元1253—1258年），生平约70年。嘉定十四年（公元1221年）授朝事郎。提举福建路市舶。魏岘以乡郡为念，请于朝，得祠牒，命里人宋、王二氏修复废湮渠堰碶闸。重建乌金堨。绍定初，任都大坑治司。五年（公元1232年），罢职归居乡里，见流沙淤塞它山堰，魏岘自出力募人疏浚。因私家力终不如官，请于郡守赵以夫增置淘沙田29亩，以其岁入作为疏浚费用，并亲自督责修建回沙闸和洪水湾堤岸。自撰《四明它山水利备览》一书，以供后人易明四明它山水政。淳祐二年（公元1242年），复起为直秘阁中大夫，知吉州军事。年老致仕。

4. 陈垲

陈垲字子爽，自号可斋，福建长乐（今属福建福州长乐区）人（林元晋《回沙闸记》，《宋史》作嘉兴人）。宋淳祐元年（公元1241年）十二月以中大夫秘阁修撰知庆元府兼沿海制置副使。二年，因它山堰上游水土流失，溪流改道，塘河淤积，水流过堰入江。陈垲先使人疏浚，但暴雨洪水过后沙复随流击下，只得每年或隔三四年疏浚一次，耗工数万。陈垲亲往相视，认为“既积而浚之，不若未至而遏之”。乃于堰上西北150米左右处，建三孔回沙闸，以阻沙入港，免受淤沙之患。并在回沙闸柱镌上“则水尺”，以作放水标准。时东钱湖葑葑为塞，陈垲实行买葑之策。清理过去所置湖田的收入，叫制干林元晋、签判石孝广在农闲时，按船只大小、葑草多寡，听农民自愿求售，交葑给钱。初时，每日数百人，后增至千余人，捞草交卖踊跃。陈垲在城中修治三喉

（小斗门），即气喉、食喉、水喉，以泄城内多余之水。重修子城，疏通濠塞水道。修建县城北廓的保丰碶（一名永丰碶），将尾闾之水排入姚江。重修东城外浦口、疏水二闸，改造浦东澄、波二桥，修建大石桥碶。陈垲体贴民情，每当夏季暴雨连日、洪水猛涨时，他单骑察水道、亲督疏治。东城外大石桥下设平水石堰，并置平水则，规定水深三尺为正常水位，四尺以上为涨水，斟酌分寸，以作诸碶闸启闭标准，决定泄水量。陈垲在庆元年余，“出入阡陌，问民疾苦；搜讨河渠，计虑长久”。最后成为地方美谈，“是时浙东、西俱歉于涝，垲所治独有秋”。

5. 沈继美

字子充，嘉靖时四川保宁人，进士。为人温谨清介。先为吏科给事中，以上疏弹劾吏部尚书汪鋐，忤旨，被贬谪至海盐，任县丞，嘉靖十六年（公元 1537 年），迁知鄞县。其平易近人，为政以便民为旨要，凡百姓得不到申诉的冤屈，或不堪负担的赋役，均可至县衙向其陈诉，他都疏导解决，务使民各安其业。沈继美生活廉洁，布衣蔬食，恬然燕坐，处事有定体，理政甚修明。对修治鄞县水利事业有功，任期内搞了许多水利工程。嘉靖十五年（公元 1536 年）[①]，加高它山堰一尺，用石板置立堰口，外面用方石柱加固保护堰体，并作防渗制漏。又疏浚回沙闸，使沙不复壅，水入河漕。

6. 朱士杰

字亶庵，镶白旗人，清康熙九年（公元 1670 年）以荫生任鄞县知县。康熙十年（公元 1671 年）修筑狗颈塘。狗颈塘隔于奉化

① 注：《鄞县通志》中“职官”记为沈继美十六年任鄞县令，“营建”记为沈继美十五年修它山堰，其中必误其一。

江与南塘河之间，外受江潮之冲，内障大川之流。洪水时塘岸易决，为害西南诸乡，此乃江河之大防也。

七、其他

1. 贺公钓台

贺公钓台位于宁波市海曙区鄞江镇鲍家磡北面山坡，坡下为鄞江。唐代大诗人贺知章曾于此隐居垂钓。贺知章自号“四明狂客”，唐开元年间任翰林院秘书监，又称贺秘监。贺公钓台紧连小岩山。处于鄞江、红水湾、清源溪三水汇合要冲之地。江边有羊肠小道，蜿蜒而上，直通岩洞，洞高二米许，游客仅能佝偻侧身而过，江水声和游客笑语，洞能应和，声音清晰，故小岩石又称响岩。现贺公钓台及小岩山均毁于采石，仅残存高尚宅遗址及民国廿二年（公元 1933 年）“高尚宅钓台记”石碑一块。碑之阳面镌刻贺知章画像，画面上首篆题“贺秘监画像”，该像摹自宁波月湖贺秘监祠内吴道子画本。石碑之阴面篆刻“高尚宅”钓台记。由清全祖望撰文，冯贞群书并篆。贺知章，字季真，越州永兴人（今浙江萧山），生于唐高宗显庆四年（公元 659 年），卒于唐玄宗天宝三年（公元 744 年）。根据《四明助谈》记载，贺知章出生于鄞县马湖贺家湾。唐武则天证圣元年（公元 695 年）贺知章中进士，历任礼部侍郎、集贤院学士、太子宾客、秘书监等职。传说贺知章曾居住在鄞县句章乡洗马池附近贺家湾，晚年隐居宁波。诗人李白称其为“四明逸老”。宋时，莫将筑“逸老堂”以资纪念。贺知章为初唐著名诗人、书法家，今留存诗篇二十首，其中七言绝句《回乡偶书》“少小离家老大回，乡音未改鬓毛衰，儿童相见不相识，笑问客从何处来”，更是家喻户晓，脍炙人口。

2. 郎官第古建筑群

位于宁波市海曙区鄞江镇它山堰村内，又称如松里，至今是本县内保留规模最大最完整的古建筑群。清乾隆后期，某部侍郎于遗德庙东方建筑宅居，现称上如松。清道光年间，其后代子孙又扩建宅居，分下如松和小如松。此建筑群共计有三十六幢，每幢五间一弄，布局合理，造型古朴，至今基本上仍保留着原有风貌。

3. 南塘北塘

又称光溪塘，位于宁波市海曙区鄞江镇鄞溪村北面山麓，和光溪村的毛家塘、天塌塘相连。东西连绵数里，是明清两代光溪塘石块的主要产地。南北塘口高近十米，南塘洞口石柱林立，远看确有古罗马斗兽场风貌。南北塘洞口相连，深达百余米，纵横交叉，迂回数折，石柱林立，可容纳千余人集会。洞内漆黑一团，进内需用手电照明，方可缓行。南塘口积水成潭，方圆百米，深可行舟。据考证，南北塘始开采于元成宗大德元年，即公元1297年，至今已有700多年的历史了。从石质石色及残存于洞内的条石分析，洪水湾塘、官池塘的条石均出于此塘，反映了鄞江镇劳动人民先辈勤劳和智慧的结晶。如进行装饰点缀，南北塘是一处很好的风景旅游胜地。

4. 东进西出

东进西出位于它山堰南面马鞍岗山岙里，洞口高近三米，深约三十余米，东西相通，呈凹形。20世纪70年代，本地村民整山平地，发现有一条宽约三米多的石头路通向山脚，应该是工匠民夫搬运石料之路径，相传它山堰开采条石多出于此地。

5. 桃源书院

桃源书院创建于北宋期间，是历史上浙东最高学府。北宋庆历年间，号称“四明庆历五先生”的杨适、杜醇、王致、王说、楼郁创立了“妙音院”，首开讲学之风。其中王说于宋熙宁九年（公元 1076 年）创办了“桃源书院”，书院由王说的宅地“酉古堂”改建而成。王说的孙子王勋考中进士后上书宋神宗，得御赐书额“桃源书院”。书院建成后教授周边乡里生徒达三四十年之久。元代至正末年，乡儒张文海上书地方官员重修了书院，后张文海被贬，书院逐渐败落。清代全祖望曾撰《宋神宗桃源书院御笔记》。桃源书院曾是宋代浙东文人汇集之所，也是当时的最高学府，书院为浙地造就了许多人才，南宋著名哲学家、教育家陆九渊的传人杨简曾讲学于此，开创了慈湖学派。至明嘉靖初年书院被大火烧毁，被征地改为政府的一个察院。[①]2009 年，鄞州区决定在原址重建书院。2012 年，桃源书院重建工程一期完成。重建后的桃源书院由傅璇琮担任书院院长，王蒙担任名誉院长。书院的中堂内供奉孔夫子画像，中堂大门正上方“酉古堂”三字系著名学者余秋雨题写。重建后的书院青砖黛瓦、古色古香，成为宁波的一大文化特色建筑。[②]

第四节　文化价值阐释

它山堰历史文化内涵丰富。其历史价值主要体现在以下四方面：一是始建年代久远，历史意义重大。它山堰始建于唐代大和七年（公元 833 年），历史悠久，之后又不断得以完善，作为鄞

①《桃源书院将重现鄞州》，宁波日报，2010 年 4 月 10 日。

②《桃源书院：涅槃重生的千年学府》，宁波都市传媒网，https://www.nbwbw.com/article.php?id=178512

西水利枢纽，历千余年而不衰，一直发挥着阻咸蓄淡、排洪、引灌的重要作用，对于鄞西地区人民的生产建设和社会经济发展意义重大。二是它是中国古代水利工程的杰出代表。它山堰在堰址选择、工程结构、施工建造、配套完善等诸多方面均反映了古代人民的高度智慧和先进经验。代表了中国古代农田水利工程技术的重大成就，是我国乃至世界水利建筑史上的一个奇迹，为华夏文明的一个重要见证，在中国农田水利史、建筑史、科技史和文化史上占有重要地位，是我国古代著名的水利建筑工程。三是它见证了宁波水利建设的发展史。它山堰建成后，经历代不断维修加固，增筑配套，工程日臻完善，形成一个以它山堰为主体，以各碶闸、塘为补充的完善的鄞西排洪灌溉水利系统，见证了历代人民水利建设方面的实践活动。区域配套设施的逐步建设和变迁是水利发展的重要佐证。它山堰建成之后，可抗旱涝，阻隔海潮倒灌，改善了水质；引入内河之水灌溉 20 余万亩良田，并为鄞西地区和宁波供水；抬高上游水位，曾有利于上游航运，为整个鄞江地区和宁波的繁荣做出了重大贡献。它山堰工程反映了鄞西水利建设的发展轨迹和历史脉络。四是它蕴涵有丰富的地方历史发展信息。它山堰临近鄞江镇区，而鄞江素为四明重镇，历史上曾为州治（县治）所在地，它山堰的建造在某种程度上保证和促进了鄞江镇和宁波市的繁荣和发展。延续保留下来的空间布局、历史肌理和地名均蕴涵着丰富的历史发展信息。

它山堰的文化价值方面，主要体现在以下两方面：

一是水神崇拜。水在农耕时代具有十分重要的地位，为了祈祷风调雨顺，水神崇拜无论在官方还是民间都很盛行。在长期的灌区治理过程中，涌现不少杰出人物，如王元暐、虞大宁等。他们死后被立庙祭祀，当作水神供奉（见图 4–7）。通过水神崇拜，灌区居民祈祷风调雨顺。通过长期的演变，这种对那些参与鄞西地区治水的地方官员、作出贡献的乡贤名人和英雄人物的祭祀，逐渐成为区域特有的水文化。据《鄞县通志》记载，鄞西地区仅祭祀王元暐的庙宇就有 16 所之多。

图 4–7　它山庙内王元暐的塑像

二是它山堰工程在当地民俗生活中留下了深厚的文化烙印。为了纪念它山堰工程开工、竣工，以及农闲灌区工程修治，鄞西地区居民自发地在农历的“三月三”“六月六”“十月十”等日子举行大规模的庆祝性活动，这些活动延续至今已有 1100 年的历史（见图 4–8）。这些特殊日子成为灌区居民特有的灌溉节日，逐年延续，也成为鄞江地区的历史文化符号。每年数万人参加这些灌溉节日，为当地创造了可观的收入。

它山堰的生态价值主要体现在两方面：一是它改善了区域水环境，为区域生态和谐发展创造了基础条件。工程建成后，灌区

图 4–8　鄞江“十月十”庙会，它山堰上舞狮（2012 年）

由原来洪水、咸潮侵袭之地变为旱涝无虞的农田。渠首工程及南塘河沿线控制工程修建后，奉化江上溯的咸潮无法进入鄞西平原内的河道水网。同时，雨季多余洪水通过南塘河沿线的碶闸排入鄞江和奉化江，使洪水不再冲毁农田。后续开挖的渠道将整个鄞西平原的水系很好地沟通在一起，从根本上改变了鄞西平原的水环境，为区域农业和社会经济发展奠定基础。二是它形成了优美的水系生态景观。通过它山堰工程，鄞西地区水系得到全面塑造，形成了以南塘河等渠系为骨干的鄞西地区河网系统。纵横的河网为当地塑造了良好的生态环境，形成生动的水文化景观。南塘河进入宁波市区后，汇成日湖、月湖，既保证了水源，也为城市增添了一道靓丽的风景，为宁波人民创造了一个优美、舒适的生活环境。

第五章 世界灌溉工程遗产与它山堰

第一节 世界灌溉工程遗产

一、ICID 简史与世界灌溉工程遗产

国际灌溉排水委员会（International Commission on Irrigation and Drainage， 简称 ICID）成立于 1950 年 6 月 24 日，是一个致力于推动灌溉、排水、防洪和河道治理事业发展的国际非政府间学术组织。该组织通过对水与环境的合理管理以及灌溉、排水和防洪技术的应用来改善水土管理，提高灌溉和排水土地的生产率，改善全世界人民的衣食供给。

该委员会最高决策机构为国际执行理事会，设主席 1 人、副主席 9 人、秘书长 1 人。在印度新德里常设中心办公室，由秘书长主持日常工程。截至 2019 年底，共有 78 个会员国，覆盖了全球 95% 的灌溉面积。[①] 该委员会开展的主要活动包括：每年一届的国际执行理事会（IEC）、每三年举办一届的国际灌排大会和世界灌溉论坛，以及不定期举办的区域研讨会、国际排水大会、国

① 中国水科院国际合作处提供资料。

际微灌大会等。

中国于1981年成立灌溉排水国家委员会，第一任主席为崔宗培。1983年6月，在澳大利亚墨尔本举行的国际灌排委员会第34届国际执行理事会上，一致通过决议，接纳中华人民共和国为会员国，确认中国灌溉与排水国家委员会为中国的唯一国家代表。①

世界灌溉工程遗产是由国际灌排委员会（ICID）评选和公布的水利工程领域专业性世界遗产项目。世界灌溉工程遗产的评选自2014年正式启动，由时任国际灌排委员会主席高占义教授发起，每年在世界范围内评选公布一次。其设立目的为梳理和认知世界灌溉文明的历史演变脉络，在世界范围内挖掘采集传统灌溉工程的基本信息、了解其主要成就和支撑工程长期运用的关键特性，总结学习可持续灌溉的哲学智慧，保护相关遗产本身。世界灌溉工程遗产的申报项目，须由ICID会员国家或地区委员会推荐，每个国家（或地区）每年申报不得超过4项，并经由国际专家组评审，最终在国际灌排委员会于当年召开的国际执行理事会上通过并正式公布。②

二、灌溉遗产的价值标准

申报世界灌溉工程遗产的工程历史须在100年以上；至今仍在发挥灌溉功能（List A）或是已不能发挥功能但仍具有“档案”价值的遗址（List B）；工程型式可以是引水堰坝、蓄水灌溉工程、

① 参见《中国水利百科全书》（第二版）“国际灌溉排水委员会”词条。
② 参见《大百科（水利卷）》（第三版）“世界灌溉工程遗产”词条。

灌渠工程，或水车、桔槔等原始提水灌溉设施、农业排水工程，以及古今任何关于农业用水活动的遗址或设施等。除此之外，工程还必须在以下一个或几个方面具有突出价值：①

a）是灌溉农业发展的里程碑或转折点，为农业发展、粮食增产、农民增收做出了贡献；

b）在工程设计、建设技术、工程规模、引水量、灌溉面积等方面（一方面或多方面）领先于其时代；

c）增加粮食生产、改善农民生计、促进农村繁荣、减少贫困；

d）在其建筑年代是一种创新；

e）为当代工程理论和手段的发展做出了贡献；

f）在工程设计和建设中是注重环境保护的典范；

g）在其建筑年代属于工程奇迹；

h）独特且具有建设性意义；

i）具有文化传统或文明的烙印。

第二节 历史瞬间与定格

它山堰世界灌溉工程遗产的申报从2014年开始，前后经历了两年。

2014年，宁波市鄞州区鄞江镇政府准备世界灌溉工程遗产的申报工作，并参加第一批的评选。

2015年，鄞江镇政府精心准备，走访专家学者，广泛搜集各

① 根据中国国家灌溉排水委员会网站资料整理。

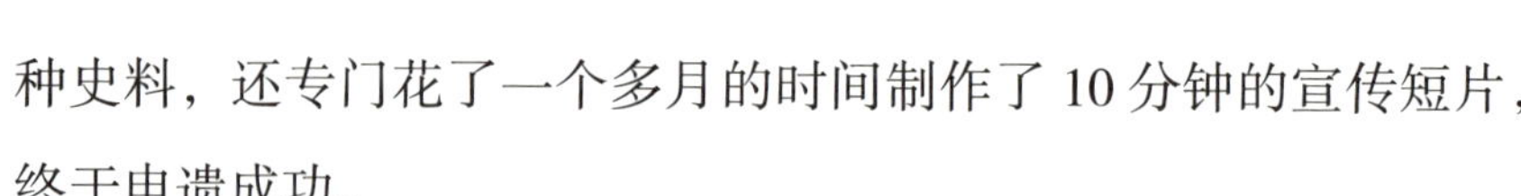

种史料，还专门花了一个多月的时间制作了 10 分钟的宣传短片，终于申遗成功。

评选专家给予了它山堰高度评价，认为它山堰延续使用 1000 多年，发挥灌溉、排涝、城市防洪和城市环境用水等作用，是中国传统灌溉工程管理的典型代表、水利工程可持续性发展的典范。[1]

①《它山堰申遗之路》，中国宁波网：http：//zt.cnnb.com.cn/system/2015/10/14/008413805.shtml。

附　录

附录一　中国入选世界灌溉工程遗产名录

（2014—2019 年）

截至 2019 年 12 月，国际灌排委员会已评审和公布 6 批世界灌溉工程遗产，中国有 19 个项目入选。

附表 1　　中国入选世界灌溉工程遗产名录（截至 2019 年）

年度 / 批次	入选项目	入选数量
2014 年度第一批	四川乐山东风堰、浙江丽水通济堰、福建莆田木兰陂、湖南新化紫鹊界梯田	4
2015 年度第二批	浙江诸暨桔槔井灌工程、安徽寿县芍陂、浙江宁波它山堰	3
2016 年度第三批	陕西泾阳郑国渠、江西吉安槎滩陂、浙江湖州溇港	3
2017 年度第四批	宁夏古灌区、陕西汉中三堰、福建黄鞠灌溉工程	3
2018 年度第五批	四川都江堰、广西灵渠、浙江姜席堰、湖北长渠	4
2019 年度第六批	内蒙古河套灌区、江西抚州千金陂	2

附录二　它山堰大事记

唐大和七年（公元833年）

鄮县县令王元暐修筑它山堰，继又建乌金、积渎、行春三碶（堨），并筑乌金土塘于乌金碶旁以阻隔江河，调节内河水位。

宋建隆三年（公元962年）

因堰损，水不入渠，节度使钱亿（系吴越王钱俶之弟），加以修复，增筑加固。

宋熙宁年间（公元1068—1077年）

县令虞大宁在介于行春、积渎二碶之间又建风棚碶，其碶5孔，每孔长3.2米，宽3.84米，设碶板二道。建碶后，外可引奉化江南来之淡水，内可泄它山西来之暴洪，旱涝有备。

宋建中靖国元年（公元1101年）、崇宁元年（公元1102年）

堰上沙淤，水流散漫，堰身渗漏。监船场宣德郎唐意、鄞令龚行修、签幕承议郎张必强，先后整修，使堰复固。

宋嘉定七年（公元1214年）

程覃代理县令，因堰上沙壅水滞，捐田40亩，组织掏沙疏浚机构，对堰上堰下之河道进行常年疏浚。

宋淳祐二年（公元1242年）

郡守陈垲，因上游水土流失，塘河淤积，在它山堰上游西北150米处建三孔“回沙闸”，以阻沙入港，免受淤塞之患。目前此闸尚存四根槽柱，西首第二根镌有“则水尺”，作为控制水位的标准。

宋淳祐三年（公元1243年）

鄞人魏岘著《四明它山水利备览》，系记述唐宋四百年农田水利的专著。书分上下二卷，共2万余字。

宋宝祐三年（公元1255年）

制使吴潜始就其地置三坝，一濒江、一濒河、一介其中，后中、外二坝垫于江中，只存濒河一坝，称为“洪水湾塘”。

宋开庆元年（公元1259年）

制使吴潜于县治西南镇平桥下置书“平”字于石，立平字水尺碑，视“平”字之出没作为鄞西及城内河道蓄泄标准。

明嘉靖三年（公元1524年）

为调节水位，使水出光溪，提升它山堰排洪能力，在它山堰东北约300米处兴建光溪桥及官池塘。

明嘉靖十五年（公元1536年）

县令沈继美用石板置立堰口，用作防渗、制漏，其外用方柱石加固，并加高它山堰一尺，疏浚回沙石，减少渠道淤积，引水增加，民更称便。

明万历四十六年（公元1618年）

县令沈犹龙于县南长春门外易土为石修筑长春塘。后又在洋河、狗颈二塘之间筑塘，后人称“沈公塘”。

清康熙十年（公元1671年）

县令朱士杰在地势险要、易受江潮之冲的距它山堰14公里的北渡村附近兴建狗颈塘，该塘长416米，宽10.24米，与洋河、沈公二石塘连接。

清咸丰七年（公元1857年）

巡道段先清捐资重修它山堰。

清乾隆四十一年（公元1776年）、咸丰七年（公元1857年）、民国十三年（公元1924年）

几次重修增筑洪水湾塘，旧塘长 105 米，该塘既能阻咸蓄淡，又能溢洪排泄，大大削减了南塘河下游洪涝压力。

民国三年（公元1914年）

鄞耆绅张传保清理堰上淤沙，以通其水道。

1965年冬至1966年春

整溪导流，疏拓溪床，砌石护岸，重建分水龙舌。

1974年

在它山堰上游 14 公里的密岩村附近建成皎口水库，总库容 1.1 亿立方米，使鄞西平原抗旱能力大幅提升，13 万亩农田实现旱涝保收。皎口水库建成后，与它山堰配合默契，相得益彰。

1983年6月

鄞县人民政府公布它山堰为首批县级文物保护单位。

1986年冬至1987年春

重拓它山堰上游行洪河道，平均挖深 1 米。两岸砌石固岸，清除过水路面，兴建行洪大桥。修筑光溪两岸防洪堤，整修堰上护堰防渗石板和堰下防冲护坦，提高引流排洪能力。

1988年1月

经国务院批准，它山堰列入全国重点文物保护单位。

1993—1995年

鄞县人民政府对它山堰进行了保护性整治。

1996年8月

中国水利学会水利史研究会和浙江省鄞县人民政府在宁波召开了它山堰暨浙东水利史学术讨论会，并于会后出版论文集。

1996年

它山堰陈列馆建成，这是浙江省第一座反映水利建设的专题陈列馆。

2014年9月

全国重点文物保护单位它山堰博物馆开馆。该博物馆位于宁波市海曙区鄞江镇，占地近1000平方米，设展览陈列区、庙祀区、2平方千米枢纽区。

2015年10月

它山堰成功入选世界灌溉工程遗产名录。

附录三　古代它山堰关键技术问题再研究

它山堰是著名的古代拒咸蓄淡工程，距今已有1180多年历史。它山堰位于鄞江从山区进入平原的过渡段，渠首为拦河砌石结构的堰坝，具有阻挡海潮、灌溉、城乡供水、防洪排涝、园林景观等功能。它山堰造就了今天宁波的河湖水系，在中国水利史上具有重要地位，2015年列入世界灌溉工程遗产名录。然而，它山堰遗留了悬而未决的工程技术疑案：宋代文献《四明它山水利备览》有关渠首"堰身中空"的记载，后人有多种解读，牵涉到"中空"是指它山堰古代渠首工程设施，还是堰坝工程结构这样的关键问题。论文依据史料记载，还原鄞江河流历史状况，并援引类似古代堰坝工程"中空"设置，研究它山堰的枢纽工程布置和工程结构，为水利遗产的价值阐释提供科学依据。

一、"堰身中空"疑案的由来

唐大和七年（公元833年），鄞县县令王元暐于今宁波市三江口西南方向23公里处奉化江支流鄞江上兴建了它山堰。[①] 它山堰

① "它"读作tuō。它山堰创建时间，近人有不同观点，本文从唐大和七年（833年）说。

从此成为鄞江平原拒咸蓄淡、城乡和运河供水的关键工程。南宋淳祐三年（公元 1243 年），当地人魏岘[①]根据参与它山堰渠首及引水溪港疏浚、回沙闸兴建的经历，参以史料，编撰成《四明它山水利备览》（以下简称《备览》），第一次系统记载了它山堰工程。其中，关于它山堰的结构，有如下说法：

> 堰身中空，擎以巨木，形如屋宇。每遇溪涨湍急，则有沙随实其中，俗谓护堤沙；水平沙去，其空如初。土人以杖试之，信然。[②]

《备览》成书 770 多年来，尤其是 20 世纪 90 年代以来，学者们对“堰身中空”有多种解释，一般认为是空心坝，但从力学角度分析，不能令人信服。有的专家则认为南宋魏岘记载的不过是一个传说，难以深究。“堰身中空”是客观认识古代它山堰不能回避的问题。本文试图从自然环境、历史文献、工程功能等角度讨论其可能的历史真相。

二、9—13 世纪它山堰的河流环境

它山堰创建于唐代，位于鄞江干流“大溪”上。其北面有“溪”东注鄞县，叫小溪。“大溪”与“小溪”之间为平坦沙地，需要人工开挖导流渠。唐王元暐“规而作堰，截断咸汐”后，“导大溪之流，自堰之上，北入於溪，百余丈折而东之”，进入“前港”（今

① 魏岘，祖籍鄞县（今属宁波），世居光溪（今属宁波海曙区），大约生于公元 1174—1189 年，卒于公元 1253—1258 年。

② 《四明它山水利备览·堰规制作》。

南塘河），发挥供水效益[①]。庆历七年（公元 1047 年）王安石曾“至小溪……观新渠及洪水湾”[②]，即此处。南宋 1242 年在导流渠上又兴建了一座大型拦沙闸——回沙闸。魏岘记载了修建回沙闸的原因并描述了它山堰一带的河流地理环境。

《备览》记载，它山堰上游钟家潭一带是“大溪”与“溪”分流的地方。大溪主泓从钟家潭以下二三百丈的地方分为两股：“一派（大溪）径从堰上入大江”“一派（小溪）则钟家潭之港也”。但是小溪中有隆起的梗阻，水大时平漫而过，水小时断流。两股河道之间是大片落沙平地。取水口位于它山堰上游大溪左岸，而这里正是大溪弯道凸岸，易于淤积。河流形势大体如图所示。

图 1　魏岘时它山堰上游水道位置（据《四明它山水利备览·山下古港·防沙》绘）

魏岘《备览》有《防沙》专篇，开门见山便是“它山一境，其地皆沙”。其他篇章也屡屡提及泥沙问题。全书 1.93 万字含有

① 《四明它山水利备览·它山水源》

② 《鄞县经游记》。新渠可能是引水渠；洪水湾，《备览》记“去堰半里余”，《四明谈助》记“去它山堰里许”，似在堰东。

114 个“沙”字，平均 170 个字就出现一次。从中可知，宋代魏岘时期，因大溪上游来沙大增，它山堰库区沙洲高达四五尺（一说四五丈），导流渠港淤为平陆。于是官府出面，买地开渠引水[①]，并在吴家桥南港狭窄处建成三孔回沙闸（见图 1）。回沙闸就是拦沙闸，发洪水时，浑水在闸板上游（南侧）三四十丈范围内落淤，这样可以集中清淤，省钱省力，表层清水则越过闸顶向北溢入引水渠再向东进入前港。

四明山区水土流失问题不是宋代才有，魏岘《备览》称它山堰工程“人谓古来四季一浚”[②]，足见它一直深受泥沙困扰。不仅如此，紧接“堰身中空”的下文又是“每遇溪涨湍急，则有沙随实其中”“水平沙去，其空如初”。“水平”指水退，与“水涨”相对。[③]这就明确告诉我们，它山堰“堰身中空”与泥沙问题一定有特殊关联。

三、关于“堰身中空”几种工程结构

工程结构的三维空间里，“中空”不一定非在堰体的几何中心，而是有多种可能。借用我们熟悉的汉字，可以概括为“回”“凹”两种几何图形和桩基。有关中空的几种情况列举如下：

①回字形中空（图 2）；②木桩地基底部中空（图 3），周魁一、

①《全宋诗·魏岘·回沙闸成用可斋陈公韵》：“买地开一坑，纳水通百汊。”《备览》作“买地开一坑，内通水百汊”。《备览·开水口》也记录了买地的原因：“堰上水口狭甚，溪流入港者鲜而入江者多。水口有石幢为界，外为官港，内为蒋宅之地，约一二亩，若买此以展水口，庶几纳水稍洪。”

②《四明它山水利备览·淘沙》。

③“水平”意为洪水退去。参见《四明它山水利备览·防沙》：“（回沙闸）版之为限，以水为则，水涨则下，水平则去，启闭以时，不病舟楫。”

谭徐明等考察山东戴村坝桩基情形；③凹字形中空（图 4），江西泰和槎滩陂节制排沙闸；④连续凹字形中空（图 5），福清天宝陂；⑤倒凹字形中空（图 6），湖北崇阳石枧堰排沙底孔，唐代创建。

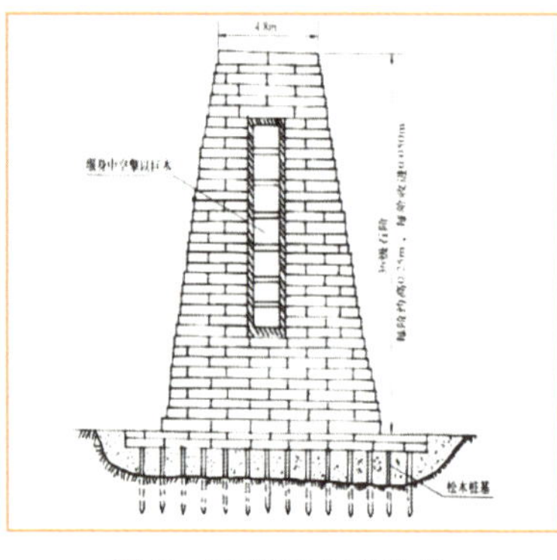
图 2　回字形中空结构

图 3　木桩地基底部中空

图 4　凹字形中空

图 5　连续凹字形中空

图 6　倒凹字形中空

以往对它山堰“中空”有多种解释。有人认为它山堰“是一个空心坝……坝体中空，用大木梁为支架”[①]；有人提出是框架空心结构，以节省石料，[②]或者用沙砾石填筑充实中间的空间；有人认为“中空”是指桩基周围泥沙被水流淘空后，只剩“巨木”支撑堰体。这些判断都可以很好地解释文献记载中的一部分文字，但若综观整段，则难以自圆其说。如“框架结构说”认为坝体中心存在封闭的“屋宇”空间，但不能解释泥沙是怎么进去的，洪水退后，填满泥沙的“屋宇”又是怎么变得“其空如初”的。又如“桩基说”，虽然理论上有可能，但不能解释如何能在洪水压顶期间（实测堰顶过流水深在 4 米以上）形成“屋宇”般的地下空腔而不垮塌。

还有一种山区河流简易筑堰方式，即在河床中心类似龙口的位置，以十几二十米的极长大圆木横断水流，两端支撑在砌石坝墩上，迅速形成溢流木堰，木堰上游抛填石块即可成堰。这种筑堰方式也可描述为“堰身中空”“撑以巨木”，但是与“形如屋宇”尚有距离，其建设与运行状况拟另文讨论。

综合文献记载和种种猜想的合理性，笔者认为：它山堰的“堰身中空”不应是六面封闭的空间，它必定有敞开的一面或两面；它在平时是可见的、露天的；“中空”位置可能是堰顶，就像今天我们能见到的丽水通济堰、泰和槎滩陂一样；它可能是古代沿海地区堰坝工程中常见的闸，上述凹字形的几种情况都有可能，还需要补充其他证据帮助鉴别。幸好宋代文献中，以往未引起注

① 钱正英：《中国水利》，水利电力出版社，1991 年，第 78 页。

② 郭涛：《中国古代水利科学技术史》，中国建筑工业出版社，2013 年，第 62 页。

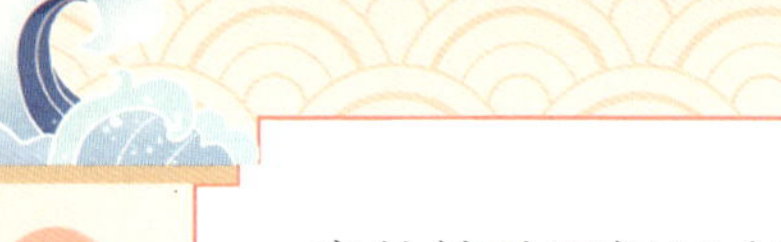

意的辅助证据还有不少。

在《备览》中，还有一段文字提到“堰身中空”：

> 沙港淤塞之时，舟楫不通，竹木薪炭，其价倍贵，贩鬻者装载过堰。竹木排筏，越堰而下，猛势冲击，声震溪谷；堰身中空，不胜负重。城门马力，追蠡历年，初虽不觉，久必大损。辛丑岁，因此堰石颇有损动，前后府榜，非不禁约；人取其便，不顾利害，虽禁莫止……①

文中说：辛丑岁即淳祐元年（公元1241年），引水港淤塞，“舟楫不通”，但是它山堰堰体上却在过船。从记载看，过船过木为魏岘或当地百姓亲眼所见。这段文字说明1241年它山堰具有临时通航功能。虽然实体堰也不是不可强行过船，但文献记载货物走的是“堰身中空，不胜负重”之处，这个“中空”建筑物应是可以临时通航的排沙闸闸室，类似于碶②。

为什么说过船之处更可能是闸室而不是实体堰呢？首先，从水运工具分析。原文说的“装载过堰”，显然不只是简单漂流的“竹木排筏”，更像是借助于舟楫；而数量众多的舟楫过堰，理论上需要有具备通航功能的闸室，比如宋代宁波地区常见的碶。

①《四明它山水利备览·护堤》。

② 周冠明《试论它山堰“碶”的工程技术内涵》指出，“碶”是鄞人对当地古代水利工程的专称。王安石庆历七年（公元1047年）十一月考察本县水利，曾“观碶工凿石”（《鄞县经游记》）。曾巩熙宁二年（公元1069年）《广德湖记》：“鄞人累石堙水，阙其间而扃以木，视水之小、大而闭、纵之，谓之碶。”大意是：鄞县人作石堰拦水，在堰身中留豁口，用木叠梁当门闩把豁口闩住；水位低就加叠梁，水位高就减叠梁。叫做碶。”碶为集堰、闸、桥于一身的工程。长石上凿长槽放碶板，即“植石为之棂”；放下碶板，就成为长方形的柜，即“合石为之柜”。参见《它山堰暨浙东水利史学术讨论会论文集》，第93—94页。

其次，从蓄泄利害分析。如果是随堰顶溢流简单地漂木，丝毫不会影响蓄水，通航与引水自然相安无事。但是如果从“中空”之处（姑且理解为碶）过船，就需要打开闸板，形成通道，减小落差，保持水深，保护船底。其后果是堰上游水位明显下降，耗水极多，而当时的社会共识是堰坝通船“不得开堰泄漏水利”①，主流舆论是“惜水之泄”，公共利益是“约鄞江之水以入溪”②，所以官府屡屡张榜禁止行船，魏岘也留下了“人取其便，不顾利害，虽禁莫止”的谴责文字。再次，从堰身安全分析。由于“堰身中空”，船行闸中，闸身空腔结构“不胜负重”；船磨闸底，磕碰闸墙，天长日久，以致“堰石颇有损动”，引发了担忧。

“城门马力”和“追蠡历年”均出自《孟子·尽心下》。“城门马力”是“城门之轨，两马之力欤”的简化，意为城门洞狭窄，只容得一车二马，日久车多，反复碾轧一条轨道，车辙必深。“追蠡历年”是说钟纽虽然结实，但年长日久地磨损，以致如虫啮而欲断。魏岘用两个典故强调了一个意思：从“中空”之处过船过木太多了。

此情此景用此典，可以理解为隐喻闸室狭窄（如福建木兰陂泄水闸宽 2.1~2.4 米，排砂闸宽 4.2 米；通济堰船缺宽约 3 米；它山堰回沙闸孔宽 3.02~3.57 米），刚刚能过一只船，犹如城门洞只

① 宋代浙江丽水也有此类规定。范成大《通济堰古规》：“船缺：出行船处，即石堤稍低处是也。在堰大渠口，通船往来，轮差堰匠两名看管。如遇轻船，即监稍（艄）公挪过；若船重大，虽载官物，亦令出卸，空船拔过，不得擅自倒折堰堤。若当灌溉之时，虽是官员船并轻船，并令自沙洲牵过，不得开圳泄漏水利。如违，将犯人申解使府，重作施行。仍仰圳首以时检举，申使府出榜约束。”载于南宋绍兴八年（公元 1138 年）赵学老《通济堰图》碑，明洪武三年（公元 1370 年）重刊。

②《四明它山水利备览·广德湖仲夏堰已废并仰它山水源》。

能过一辆马车；空腔结构的石闸禁不住大量船只以及竹木排筏长年累月的磨损磕碰，不少砌石已经松动，以致官府一再张榜布告明令禁止。联想到城门洞与水闸闸室何其相似，启闭闸板的吊索与钟纽也颇为相像，不得不说这极可能是魏岘细致观察、触景生情的结果。“堰身中空，不胜负重。城门马力，追蠡历年；初虽不觉，久必大损”的描写，恰如其分，意境饱满，一幅栩栩如生的石堰水闸图已经跃然眼前。

再看《备览·回沙闸记》：“长官距今四百十六年，始有继其志者。堰之于潮，闸之于沙，古今一辙尔。”[①]“长官”指王元暐。这句话意思是：416 年前，它山堰以堰挡潮，以闸冲沙；416 年后，挡潮还是依赖堰身，减沙则新添了一座回沙闸（宋代水流方向与今相反，新闸功能是拦沙而不是排沙）。古今建筑虽有不同，但是在以堰挡潮、以闸除沙两大功能上，如出一辙。“今”闸即南宋新建的回沙闸，那么“古”闸又在哪里呢？从“堰之于潮，闸之于沙”八个字的排比对应关系以及它山堰附近山川地形分析，古闸位置最大可能是在它山堰上，“堰身中空”之处恰好为古闸闸室所在。至于碶可以通船，有古籍记载[②]，也有今人论证，无需赘墨。综上，1241 年它山堰存在“中空”结构，是可以临时通航的排沙闸。

① ［宋］林元晋：《回沙闸记》。林元晋，淳祐二年（公元 1242 年）为陈垲幕僚。

②［清］全祖望《鲒埼亭集·鹊巢碶记》：“由宁波府城而南……出东津桥经鹊巢碶入蕙江……长者曰：前此浦广二丈余，且甚深，舟行自江入碶，可直达侍御公神道下。今则隘而不通矣。”今有蕙江东苑小区，在它山堰正东 3.5 公里处。蕙江应指该段鄞江。“舟行自江入碶，可直达侍御公神道下”，即碶可以通航。

四、何谓“擎以巨木”

以往对“擎以巨木”的理解，似乎都是“立木顶千斤”的样子，这是难以破解它山堰中空之谜的重要原因。如果设想“巨木”横放于水中作拦水闸板用，会有豁然开朗之感。绍兴十六年（公元1146年）魏行己《重修增它山堰记》记载：“太守待制秦公……增葺它山，补土石之罅漏，塞梁坍之隤穴，易土以石，冶铁而固之。”①这里的“梁”，可以是石闸顶部的石梁②，也可以是叠梁闸板。

《备览》载有魏（湾）的一首《谒善政祠》诗，他用“梅梁偃蹇苍龙伏，石级参差白雪飞”描写它山堰过水情景。历史上的梅梁神乎其神，后人试图从科学角度作出合理解释。有人认为“梅梁是消能建筑物”（可可诗词网），虽有突破，但仍未得要领，因为真正的消能建筑物是石级和护坦，不是梅梁。“梅”的本义为楠木。《说文》：“梅，枏（楠）也。”段注：“陆机《疏草木》曰：梅树皮叶似豫樟，皆谓楠树也。”从水利工程建筑材料角度，“梅梁”可释为楠木梁，进一步加工可成为楠木叠梁。“偃蹇”有多种含义，若取其“高耸、安卧”之意，诗句可解释为叠梁闸安卧水中节制水流（“苍龙伏”），闸下石级跌水溅起滔滔白浪（“白雪飞”）。这样的情景颇为符合叠梁闸溢流和石级消能工衔接的工况。

① 原文载于《四明它山水利备览》。同书魏岘所作《前后修堰》略同：“又魏行己《增修它山堰记》云：‘绍兴丙寅……太守秦公委督官吏，补土石之罅漏，塞梁坍之隤穴，易土冶铁而固之。’”

②《备览》载有陈垲诗，曰：“……昔有王长官，筑堰它山下。……石梁贯云涛，谁敢着足跨。”说明它山堰上有石梁。

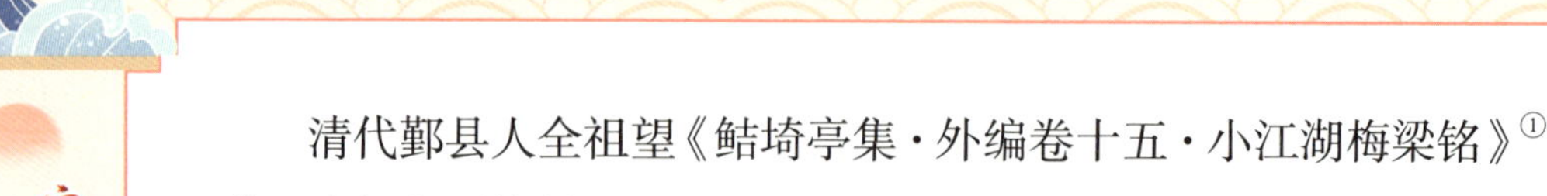

清代鄞县人全祖望《鲒埼亭集·外编卷十五·小江湖梅梁铭》[①]进一步阐释了梅梁：

> 它山之梁长逾三丈，去岸亦数丈，横浸堰址……居民呼为“断水梁”……每望见梁峙水中，如龙昂首，以擎其堰……吾鄞西南隅之民，水耕火耨，不为甬江之潮汐所困，惟此梁为砥柱……铭曰：“是本真龙，天吴所伏。何须画龙，玄黄相触。洞天潭潭，一木锁之。外江内湖，右之左之。”

剥去文学的外衣，以工程师的眼光审视，“(梁)横浸堰址”“断水梁”“梁峙水中，如龙昂首，以擎其堰”“惟此梁为砥柱”“洞天潭潭，一木锁之”等等，恰是木叠梁闸门工况的生动写照：

它山之梁：应即它山堰梅梁。从水工结构角度，不妨理解为排沙闸上的楠木叠梁。

长逾三丈：闸口宽 8 米以上；考虑闸板长度 8 米制作比较困难，也可以是两孔或三孔闸口宽度之和。

去岸亦数丈：指离岸边数丈(数丈应在 3 ~ 9 丈之间，合 8 ~ 25 米)。堰长 42 丈，闸身显然偏于一岸布置。从引水渠入口排沙效果考虑，可能偏于北岸。[②]

横浸堰址[③]：平时梅梁横着叠放，浸没于溢流水面之下、堰身

① 全祖望(1705—1755)，祖居鄞县(今属宁波)，世居沙港(今属宁波海曙区)，晚于魏岘 500 余年。通过全祖望的著作也可较为准确地理解它山堰结构。小江湖位于它山堰下游，与它山堰同时代，但全祖望认为小江湖即它山堰。

② 古代排沙闸大多为保护取水口而设，应靠近取水口；它山堰引水港在西北方向，排沙闸以靠近北岸为佳，且北岸有庙观村舍，利于管理。

③《备览·梅梁》作“横枕堰址”。其下文“如龙卧江沙中”与《小江湖梅梁铭》“如龙昂首”意境迥异，且神话怪诞成分较多，不作讨论。

之内，这与木叠梁闸门拦水工况吻合。

居民呼为“断水梁”：“断水梁”即切断水流的木叠梁。这条记载，最贴近水闸木叠梁功能，反映出当地“居民”已赋予梅梁实用意义，不再是虚幻的神物。

每望见梁峙水中，如龙昂首，以擎其堰：梅梁“以擎其堰”与前文“擎以巨木”是相同语境的同义词，实质是“以擎其水”“以木挡水”，可指叠梁“支撑”闸柱或代替一段堰身。既然能“每望见”，说明梅梁在明处不在暗处，桩基的可能性可以排除；“梁峙水中”，是说叠梁前后都是水，几道叠梁沿闸槽叠摆成一道木板墙后，如同峙立水中；“如龙昂首”指水从木板墙顶上奔溢而下，形成滚滚波涛，拖曳出一条白龙，白龙昂首处正是叠梁“擎堰”处。这是一幅多么形象的薄壁堰溢流图啊！（见图 7）

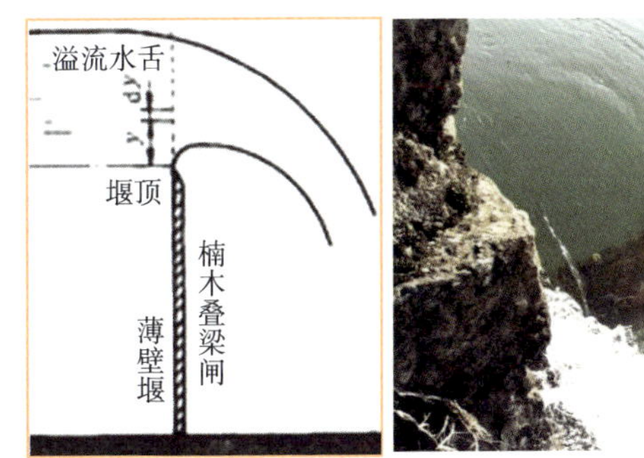

图 7　教科书上的薄壁堰（左）和重庆秀山巨丰堰拦河堰上的叠梁闸（2020 年摄）

鄞县人陈允平[①] 留下一首《梅梁堰》诗，更为这一判断提供了

① 陈允平，宋末元初词人。四明鄞县（今属宁波）人。其生卒年不详，前人认为“生年定在宁宗嘉定八年到十三年之间（公元 1215—1220 年）比较合理”，“卒年疑在元贞（公元 1295—1297 年）前后”。

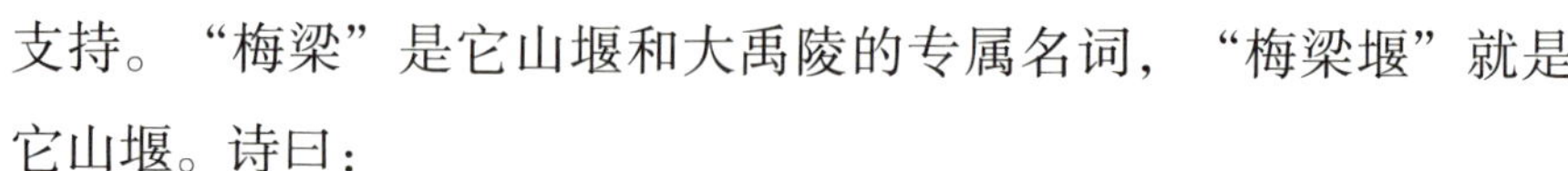

支持。“梅梁”是它山堰和大禹陵的专属名词，“梅梁堰”就是它山堰。诗曰：

庙近云涛观，山遥翠欲重。只应溪上木，便是洞中龙。堰折潮归海，棂迎浪答钟。断碑荒鲜合，终古载灵踪。

“云涛观”就在它山堰旁。[①]“溪上木”指梅梁。“洞中龙”不知所指，但理解为闸下水流如同白龙出洞亦无不可。“堰”即它山堰。“棂”本指窗棂，借指叠梁闸板。魏岘曾用“植石为之棂”[②]描写乌金堨的闸。此处的“棂”与“梅梁”“巨木”是同义词。“浪答钟”，取云涛观“晨钟暮鼓”意境，借指朝潮夕汐。

“堰折潮归海，棂迎浪答钟”意思是它山堰的“堰”和“棂”共同阻挡（迎接）着一日两至的潮汐。“棂迎浪”是说叠梁木闸板海拔很低，东海来的潮汐波浪轻易可及。[③]这句诗和林元晋描写的“堰之于潮，闸之于沙”异曲同工，可为互证。

《梅梁堰》诗可谓它山堰存在叠梁闸的有力证据。

---

① 宋《宝庆四明志》：“（云涛观）它山堰旁，嘉定十二年（公元1219年）赐额。”元《延祐四明志》：“它山堰旁，宋嘉定十二年赐额。遗德庙属焉。”今它山遗德庙紧靠堰北端，其东有小庙。唐代陈思光《它山堰》：“东庙东岳宫，宋时称云涛观，宋末改云涛观为它山庙从祠，始称东岳宫，俗称小庙。”

②《备览·四明重建乌金堨记》的“植石为之棂”是指碶闸的重要结构——闸墩和闸板。“棂”，原指窗里面的木格，窗框应即带槽的竖立大条石。此处指闸口木叠梁像窗棂插在窗框上一样。每条叠梁板的两端当然是卡在条石闸槽里。乾隆《浙江通志·水利三》记载，与它山堰同时期的海盐县常丰闸“植木为闸”，后来“易以石”。这条记载可推理为“植石为闸”，与魏岘“植石为之棂”表述一致。

③这一点与唐代它山堰颇为吻合：堰顶高程2.4米，宋代加高0.65米后（一说加高总数0.75米）也才到3.05米，排沙闸形如屋宇（假设闸室高1.5 ~ 2米），闸底板更低（推算海拔0.4 ~ 1.1米）。

五、何谓“形如屋宇”

“堰身中空”结构的有关记载，不仅见于它山堰，而且也见于它山堰引水工程沿线的几座水工建筑物，魏岘记作“堨”，即鄞人自古所称之“碶”。堨，常读作遏，理解为堰坝；但是据《康熙字典》，堨还有一个古音，读作杰（唐宋时期）。[①] 堨与碶是一回事。

魏岘于嘉定十四年(公元1221年)主持重建乌金堨，“从旁开浚，低旧趾二尺许。身东西五丈二尺有奇，南趾七尺，臂东二十七丈，西十三尺。桥五丈五尺，而长、高九尺，阔称之。合石为之柜，植石为之棖。规模宏伟，工力缜密”[②]。魏岘提到乌金堨“合石为之柜，植石为之棖”，还说“为三堨以启闭蓄泄”[③]；林元晋也说“是邦储水而启闭以时者曰堨”[④]。显然堨有空腔，不是实体堰。

魏岘所称堨，《宋史·河渠志》全都称之为“碶”：“嘉定十四年……有碶闸三所：曰乌金，曰积渎，曰行春。乌金碶又名上水碶，昔因倒损，遂捺为坝，以致淤沙在河……行春桥又名南石碶，碶面石板之下，岁久损坏空虚。”《宋史》所谓“碶闸三所”就是魏岘所说“三堨”，都可以“启闭蓄泄”。

乌金碶“昔因倒损，遂捺为坝，以致淤沙在河”，说明碶有

①《康熙字典·堨》：“又《正韵》巨列切，音杰。《唐书·张守珪传》‘渠堨为寇毁’。”可知，唐宋时期“堨”音杰，今宁波方言与“碶”的发音相近。北宋王安石、曾巩都用过“碶”字，南宋魏岘不用“碶”而专用“堨”，元代《宋史·河渠志》则以“碶”代“堨”，想必当时堨、碶可以互称。

②《四明它山水利备览·四明重建乌金堨记》。

③《备览·三堨》。

④《备览·回沙闸记》：“父老曰：是邦储水而启闭以时者，曰堨。”

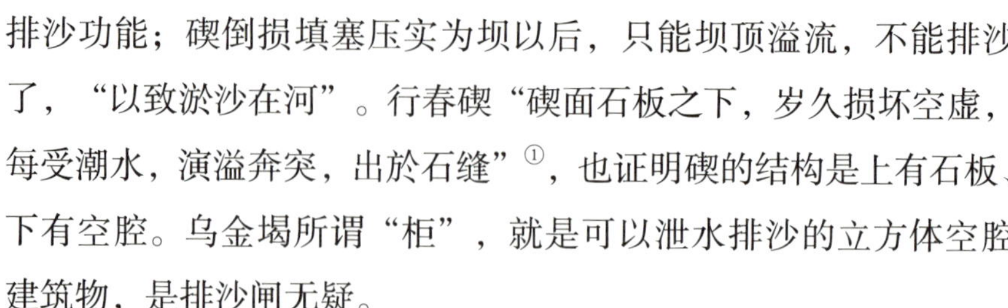

排沙功能；碶倒损填塞压实为坝以后，只能坝顶溢流，不能排沙了，“以致淤沙在河”。行春碶“碶面石板之下，岁久损坏空虚，每受潮水，演溢奔突，出於石缝”①，也证明碶的结构是上有石板、下有空腔。乌金堨所谓“柜”，就是可以泄水排沙的立方体空腔建筑物，是排沙闸无疑。

“合石为之柜”是说乌金堨的闸室。这是魏岘描述乌金堨的文学手法。即使放到今天来看，砌石结构的水闸闸室，如果有上下两道闸门，也很像一个特大号的柜子。魏岘把乌金堨闸室比喻为“柜”，为我们指出了一条理解“堰身中空，擎以巨木，形如屋宇”的路径——它山堰存在像乌金堨一样的空腔型建筑物。如果说乌金堨的闸室像“石柜”，则它山堰的闸室像“屋宇”，二者形象如兄如弟，均为立方体空腔结构，都是排沙闸。

六、佐证“中空”形制的工程案例

古代水利工程槎滩陂、天宝陂、石枧堰、巨丰堰、丽水通济堰，以及木兰陂等等，都与它山堰创建时代相近，都有排沙闸，都属于可以佐证“堰身中空”形制的工程案例。其中福建莆田木兰陂与它山堰各方面特别接近。在前文分析文献的基础上，借用当今木兰陂遗存，解读古代它山堰的那段费解文字，问题似可迎刃而解：

“堰身中空”：堰体上部有空腔结构，如泄水闸、排沙闸闸室等。

“擎以巨木”：叠梁门。泄水闸孔宽 2.1 ~ 2.4 米，排沙闸孔宽 4.2 米，木叠梁闸板须为“巨木”方能胜任（见图 8）。

“形如屋宇”：空腔结构为矩形，如同一间大房子。站在砌石

① 《宋史·河渠志》。

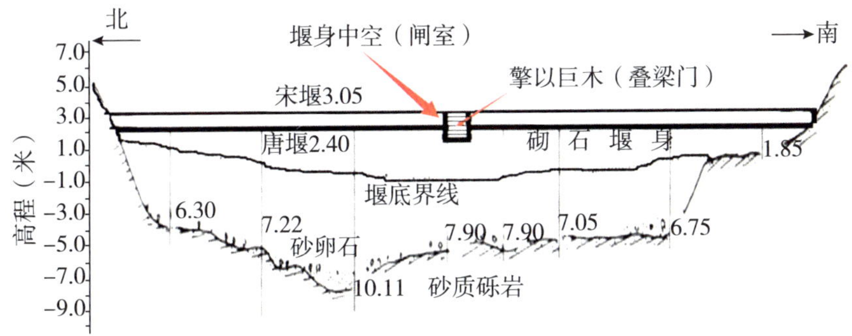

唐宋时期它山堰“堰身中空”示意图（张卫东制图）

图8　它山堰“堰身中空”释意图，面向下游

闸室中，面向下游，则左、右为石墙，底部有砌石，上部交通石梁像屋顶，背面有木叠梁闸板如同后墙，前面敞开；若前面再有一道闸板，则可视为门窗。“屋外”为跌水石级。

每遇溪涨湍急，则有沙随实其中，俗谓“护堤沙”：排沙闸底坎相对低深，平时不开。洪水突发时，泥沙会淤积在闸板上游并形成闸前铺盖。这种铺盖覆盖闸堰上游基础，有护堰作用，故谓“护堤沙”①。

“水平沙去，其空如初”：洪水消退后，排沙闸打开，新淤的泥沙会被水流冲走，库区淤积情况能恢复如初。“水平”就是水退。

“土人以杖试之，信然”：排沙闸关闭，恢复蓄水后，当地居民以棍棒试探闸板上游泥沙淤积情况，发现果然恢复到从前的样子了。

① 护堤沙实为护堰沙。《四明它山水利备览·护堤》通篇讲的都是护堰，而不是标题所说的护堤。堤、堰似可互称。

原本难解的一段文字，套在木兰陂身上竟是如此合情合理。由此分析，它山堰这个“堰身中空，擎以巨木，形如屋宇”“水平沙去，其空如初”的建筑物，是和木兰陂有一样的排沙闸。遗憾的是，它山堰屡经加高，排沙闸的排沙功能已逐渐被其他工程所取代，堰体上的闸室中空结构不知何年何月改造成实心堰坝了。[①]如今，它山堰的各种遗存（特别是带孔洞的大条石）[②]，保存着宝贵的古代工程技术信息，有待继续解读。

七、结论

以上研究指出，它山堰是修建于砂砾石河床上的宽顶堰，古代河流含沙量较高。唐宋时期所谓“堰身中空，擎以巨木，形如屋宇”是指砌石堰上设有排沙闸，以巨木作叠梁门。闸室数量及其平面布置形式以及消失原因虽不确定，有关细节的推测仍待商榷，但可以确定的是，它山堰不是“空心坝”，没有所谓空前绝后的“重大创造”。本文认为“堰身中空”四个字是魏岘对它山堰重要建筑物排沙闸外形的概括，“中空”是出于功能的考虑而

① 据《四明它山水利备览》记载，太守秦棣曾“补土石之罅漏，塞梁坍之隤穴”，魏岘“屡因亢阳，惜水之泄，从权以土石增障堰上，约鄞江之水以入溪”。前者反映了1146年堰上可能有闸板（梁）；后者反映了南宋时已视中空结构为不利因素，临时做了子堰，闸口可能是土堰，以便急用时打开。明代加高加固或易土为石仍在继续，如乾隆《浙江通志》记载“嘉靖十四年（公元1535年）知县沈继美用石版竖亘堰口者半，高于旧堰一尺许”。堰口，《备览》多指堰身（上游侧），《通志》类同，但也有可能指闸口。“用石版竖亘堰口者半”，可能是在堰顶竖向放置了一半，也可能是堵死了一半的闸口。18世纪上半叶，全祖望把《小江湖梅梁铭》归入《鲒埼亭集外编》，看来当时《梅梁铭》已成历史掌故，这意味着它山堰排沙闸已经消失（此后1857年、1915年仍有修浚）。

② 它山堰顶现存20多块带圆形孔洞的大条石，类似运河古闸的绞关石，有多种解释，值得另作研究。

不是结构与材料的需要。本文提出并论证了关于它山堰中空结构的一种新猜想，但它也只是众多猜想中的一种而已，并不否定基于钻孔勘探资料的推测，以及筑堰初期以拦河长木代替砌石溢流堰等其他合理猜想。

（中国水利水电科学研究院张卫东、颜元亮、谭徐明）

图书在版编目（CIP）数据

拒咸且蓄淡　塘河环明州：它山堰 / 张伟兵，魏晓明编著.
-- 武汉：长江出版社，2024.7
（世界灌溉工程遗产研究丛书 / 谭徐明总主编. 中国卷）
ISBN 978-7-5492-8798-7

Ⅰ. ①拒… Ⅱ. ①张… ②魏… Ⅲ. ①堰－水利史－宁波－唐代 Ⅳ. ① TV632.553

中国国家版本馆 CIP 数据核字（2023）第 056823 号

拒咸且蓄淡　塘河环明州：它山堰

JUXIANQIEXUDAN TANGHEHUANMINGZHOU：TUOSHANYAN

张伟兵　魏晓明　编著

出版策划：赵冕　张琼
责任编辑：张琼
装帧设计：汪雪　彭微
出版发行：长江出版社
地　　址：武汉市江岸区解放大道 1863 号
邮　　编：430010
网　　址：https://www.cjpress.cn
电　　话：027-82926557（总编室）
027-82926806（市场营销部）
经　　销：各地新华书店
印　　刷：湖北金港彩印有限公司
规　　格：787mm×1092mm
开　　本：16
印　　张：12.75
彩　　页：4
字　　数：143 千字
版　　次：2024 年 7 月第 1 版
印　　次：2024 年 7 月第 1 次
书　　号：ISBN 978-7-5492-8798-7
定　　价：78.00 元